植 | 物 | 造 | 景 | 丛 | 书

花境植物景观

周厚高　李金玉　何培磊　张瑜增　主编

江苏凤凰科学技术出版社

南 京

图书在版编目（CIP）数据

花境植物景观 / 周厚高等主编 . -- 南京 ：江苏凤
凰科学技术出版社，2020.7
ISBN 978-7-5713-1127-8

Ⅰ . ①花… Ⅱ . ①周… Ⅲ . ①园林植物－景观设计
Ⅳ . ①TU986.2

中国版本图书馆CIP数据核字(2020)第078036号

植物造景丛书

花境植物景观

主　　　编	周厚高　李金玉　何培磊　张瑜增	
项 目 策 划	凤凰空间/段建姣	
责 任 编 辑	赵　研　刘屹立	
特 约 编 辑	段建姣	

出版发行	江苏凤凰科学技术出版社
出版社地址	南京市湖南路1号A楼，邮编：210009
出版社网址	http://www.pspress.cn
总 经 销	天津凤凰空间文化传媒有限公司
总经销网址	http://www.ifengspace.cn
印　　刷	北京博海升彩色印刷有限公司

开　　本	710 mm×1 000 mm　1／16
印　　张	12
字　　数	230000
版　　次	2020年7月第1版
印　　次	2024年1月第2次印刷

标 准 书 号	ISBN 978-7-5713-1127-8
定　　价	88.00元

前言 | Preface

||||||||||||||||||||||||||||||||||||||||||||||||||||||||||||||||||||||||||||||||||||||||

中国植物资源丰富，园林植物种类繁多，早有"世界园林之母"的美称。中国园林植物文化历史悠久，历朝历代均有经典著作，如西晋嵇含的《南方草木状》、唐朝王庆芳的《庭院草木疏》、宋朝陈景沂的《全芳备祖》、明朝王象晋的《群芳谱》、清朝汪灏的《广群芳谱》、民国黄氏的《花经》、近年陈俊愉等的《中国花经》等，这些著作系统而全面地记载了我国不同时期的园林植物概况。

改革开放以后，我国园林植物种类不断增多，物种多样性越发丰富，有关园林植物的著作也很多，但大多数著作偏重于植物介绍，忽视了对植物造景功能的阐述。随着我国园林事业的快速发展，植物造景的技术和艺术得到了较大进步，学术界、产业界和教育界的学者及工程技术人员、园林设计师和相关专业师生对植物造景的知识需求十分迫切。因此，我们主编了这套"植物造景丛书"，旨在综合阐述园林植物种类知识和植物造景艺术，着重介绍中国现代主要园林植物景观特色及造景应用。

本丛书按照园林植物的特性和造景功能分为八个分册，内容包括水体植物景观、绿篱植物景观、花境植物景观、阴地植物景观、地被植物景观、行道植物景观、芳香植物景观、藤蔓植物景观。

本丛书图文并茂，采用大量精美的图片来展示植物的景观特征、造景功能和园林应用。植物造景的图片是近年在全国主要大中城市拍摄的实景照片，书中同时介绍了所收录植物品种的学名、形态特征、生物习性、繁殖要点、栽培养护要点，代表了我国植物造景艺术和技术的水平，具有十分重要的参考价值。

本书的编写得到了许多城市园林部门的大力支持，王晗璇、麦焕欣、黄臻齐参与了文字撰写，在此表示最诚挚的谢意！

编者

2020 年于广州

目录
Contents

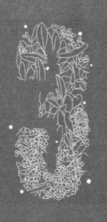

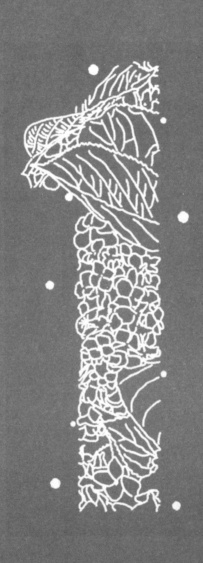

第一章

花境及花境植物概述

造景功能

花境是指按照设计者的设计意图，以及野生花卉自然生长的规律，运用艺术化的手法，因地制宜地对各种以草本为主的观赏植物进行合理配置，以自然带状或斑状的形式，在形态、色彩和季相上达到自然和谐的一种园林造景形式，实现"融于自然，高于自然"的艺术追求。

花境的概念

据考证，最早的花境出现在英国柴郡的私人花园，距今已有 150 多年的历史。当时，花园设计与建造在英国十分流行，原因之一是英国温和而湿润的气候非常适合植物的生长。在 18 世纪，草本植物种植在易于养护的地方，而且每个品种都分开种植，被称作"稀疏种植"，是花境最初的形式。当时的种植更多注重于植物的功能性，植物材料主要以草药、蔬菜或瓜果类为主，用于观赏装饰的花草植物相对是比较少的。

19 世纪后期，园艺学家威廉·罗宾森（William Robinson）大力推崇自然花园和自然式种植，并逐渐形成了一种欣赏植物自然美的景观种植形式。大面积运用观赏效果佳、层次分明以及丰富的植物品种，被称为宿根花卉花境。罗宾森的种植理念受到了人们的青睐，他被称为"英国花园之父"。19 世纪末到 20 世纪初，出现了一位对花境设计应用至关重要的女园艺师格特鲁德·杰基尔（Gertrude Jekyll），她设计了 300 余座花园，并撰写了多部园艺著作，著作中包括了如何充分利用植物的各种性状进行配置，以及花境的结构、植物种植比例等方面的内容。她的设计非常重视艺术性和人们的感官感受，这种自然式的设计为当时的造园者展示了极具特色的种植理念，受到了更多造园者的欣赏和支持。20 世纪中期，德国园艺师卡尔·福瑞斯特打破了传统的草本植物花境的概念，主张引入蕨类植物和观赏草。20 世纪 80 年代至今，园艺师们开始注重色彩的搭配、植物立面和季相的相互作用，主要展示植物搭配后的群体美。

花境是园林绿地中一种较为特殊的种植方式，一般沿着花园的边界线、路缘种植，并结合园林艺术加工形成花卉景观。花境主要以宿根花卉为主，配合灌木、藤本植物、观赏草以及一二年生花卉和球根花卉共同打造群体的观赏性景观。因其景观观赏期长、季相变化丰富、种类繁多的自然搭配以及简便的管理优势，符合当下人们的审美喜好与需求。

花境的特点

植物材料丰富

花境设计中，可以运用多种植物品种进行配置，灌木、小乔木、草本花卉和谐生长，多种植物组团交错种植。现实中使用较多的是混合风格，混合花境中多以宿根花卉为主，以小乔木及灌木作为背景，再搭配一二年生花卉、球根花卉、观赏草等植物种类，能够充分体现植物的多样性，更好地模拟出大自然中野生植物自然生长的状态。

充分展示植物季相美

花境设计中，可运用各种植物以自然的方式种植在一起，通过对不同植物特性的把握，要求每个季节里都能有 3 ~ 5 种主体花色进行合理搭配。花境能够最大限度利用植物的季相变化，在不同的季节产生不一样的美景，达到"三季有花，四季呈景"的效果，为环境增添乐趣，带来一种动态之美。

植物配置层次分明

花境的平面构图连续完整，里面高低错落、

层次清晰。花境立面通常分为前、中、后三个层次，每个层次因高差不同可继续细分。前景一般为低矮匍匐类植物，偶尔把大丛的丛生状植物前置，打破单调的规整排列；中景体量饱满，色彩鲜明，稳定视觉重心，搭配线条感强的植物拉高视线；背景高起，作为视线屏障。配置方面疏密有致、形态不一，一方面不埋没植物的个体美，另一方面展示多种植物搭配的群体美，产生极其丰富的色彩层次，形成自然和谐的景观效果。

类型和功能多样

花境可运用的植物种类丰富，搭配方式灵活，产生多样的造景类型，不同的类型可以应用在不同的场景中，具有很强的功能性。花境通常以带状或者团状为主，可广泛应用于林缘、绿化带、建筑周边、草坪、隔离带等区域。公共场所中的应用具有美化环境、改善周边环境小气候、屏蔽不雅市容等功能。

景观持久，管理方便

合理的花境混合式种植能够形成一个可持续的生态系统，花境中的不同植物能够互相弥补，观赏时间较长，同时植物种类的多样性能够使花境小群落更为稳定。花境属于现代节约型园林类型，一年种植，多年观赏，能够发挥较好的生态效益。花境以组团式种植方式为主，同一品种集中团块种植，养护管理相对方便。一般花境种植可维持 3 ~ 5 年的观赏期，大大减少了种植成本以及维护成本。

花境植物的配置原则

生态原则

花境的设计要注重生态性、绿色性以及环保性。选用配置能在当地露地越冬生长的多年生宿根植物、观赏草、低矮灌木为主，根据需要可以应用部分季节草花作为点缀。设计时要对物种的生态特征进行充分考虑，确保植物种类的选择既充分又合理，促进物种间的互相补充。选择的植物应具有抗逆性强、管理简单粗放、养护容易的特点，具有较好的观赏效果，最好观叶、观花及观果等相互兼顾，同时要求前期建造成本要低，后期养护管理成本也较低，至少可以保持 3 年可持续景观效果。此外，还可以多选用乡土植物，体现地方特色。

景观原则

花境设计建造既要有科学性，也要有艺术性。对于艺术性的体现，可在植物的质地、色彩以及株型等方面进行协调，但也要注重其中的变化性。根据花境类型，不同的功能及立地条件要选择相应的植物进行搭配，没有固定的模式。根据环境空间尺度大小，把握好花境中各种植物的比例，色调要与周围环境相协调，立面效果要体现植物的群落美。植株的高低、株型、花序及植物的叶形、叶色、形态要得以充分体现，表现出错落有致、层次分明、丰富美观的立体景观效果。

花境与花坛、花带、花丛、花台的区别

花境、花坛、花带、花丛、花台都是以植物

材料造景的园林形式，在植物的选择和配置上有相似之处，但是在景观效果上却有着很大的区别。

花境

花境是以模仿自然风景中野生花卉自然交错生长的花卉应用形式，以宿根花卉为主，配置不同高度、形态、季相的植物进行艺术设计，从而表现出花卉自然生长的景观。

花坛

花坛是以图案纹样的形式来表达花卉的群体效果以及景观主体的花卉应用形式，主要是应用一二生花卉、部分球根花卉和其他草本花卉类种植在几何形轮廓的植床内，具有规则、群体、讲究平面景观色彩搭配的特点。

花带

花带属于花坛的其中一种形式，一般呈长带形，应用的植物类型单一，缺少季相上的变化以及立面上的层次。花境则主要表现花卉植物组团错落、自然多样、层次丰富的特色，与花带有着显著差异。

花丛

花丛是指由数株花卉组合成丛的自然式栽植形式，应用的植物种类少而精，边沿没有镶边植物，因此其景观效果不能作为主景使用，多运用于作为衬托主景的背景，管理较为粗放。

花台

花台是指四周用砖石砌筑的、明显高于地面的一种花坛形式，面积较少，主要观赏花卉的平面色彩配置和立面的植物立面配置。花台上还可以点缀山石，多用于城市街道节点处和交通环岛绿化以及建筑物、公共绿地的入口景观处。

花境的分类

按植物材料分类

● 宿根花卉花境

指花境中所有配置的植物均选用露地越冬的宿根花卉，是花境造景应用较早、较传统的花境植物材料，管理较为粗放，养护成本较低。

● 一二年生花卉花境

指花境中配置的植物均由一二年生草本花卉组成。一二年生花卉品种丰富，花色缤纷，通过合理的设计配置，季相上能够互相配合，在不同季节中产生不同的景观效果。由于一二年生花卉植物株型的限制以及生长期的局限，该花境层次较为单一，养护管理成本较高。

● 球根花卉花境

指花境中配置的植物均由球根花卉组成，种类较多。球根花卉需要经过春化作用才能生长发育，早春或初夏为主要花期，观赏时效较短。

● 观赏草花境

指花境主要以多年生、不同类型的观赏草为主，观赏草中禾本科、莎草科等植物较为广泛使用。观赏草花境具有自然朴实、观赏效果稳定、管理养护方便、自身抗性较强的特性，但也有季相变化不明显、景观效果较为单一的不足。

● 专类植物花境

指花境中配置的植物由同一种不同品种或者同一类型不同种类的植物组成，例如月季花花境、菊花花境、百合花境、热带植物花境等。专类植物花境具有开花花期或生活环境较为一致、管理方便的优点，但是植物多样性受到限制，较容易发生大面积的专类病虫害。

● 灌木花境

指花境中配置的植物以不同类型的花灌木为主，灌木株型多样，观赏期较长，养护成本低，但是灌木多以常绿植物为主，色彩较为单一，季相变化不明显。

● 混合花境

混合花境是花境植物搭配中最普遍运用的形式，以宿根花卉为主，球根花卉、观赏草等花卉交错配置，花灌木、针叶树作为背景，合理配置多种植物材料形成的花境。具有植物材料丰富多样、层次高低错落、景观色彩缤纷、群落结构稳定等特点。

● 野花花境

指花境中配置的植物由野生性较强、株型自然的一二年生花卉和宿根花卉组成，一般运用2～3种野生花卉，并根据造景要求自然式混种于同一区域，具有造景成效快、景观效果明显、管理粗放的特点。

按应用场所分类

● 林缘花境

林缘花境应用于背景树林边缘，以茂密常绿乔木为背景、以开阔草坪为前景，花境形式多以条带状作为中景连接高大乔木与开阔草坪，起到承上启下、承前启后的作用，能够增加景观色彩与层次，还能够起到隔离与屏蔽的作用。

● 路缘花境

指应用于道路人行道、公园步行道的一侧或两侧，作为单边花境或双边花境供行人观赏的绿化形式，可以作为人车分隔的隔离带，也可以引导游人前往景观节点，起到充分利用园路空间增加游行乐趣的作用。

● 墙垣花境

指应用于公共绿地栅栏、硬质石墙、篱笆、建筑物等硬质分隔构筑物前作为装饰的花境，多沿构筑物呈条带状设置，可以起到隔离空间、软化硬质构筑物、美化城市景观的效果。

● 岛式花境

指应用于城市绿地中央、环岛处以及开阔草地中央能够独立成景的花境。岛式花境不以密集树林、树篱或墙垣作为背景，中间高四周低，是能够呈现多面观、具备一定体量的独立式花境。

● 台式花境

指应用于公共绿地、单位入口、庭院中央将植物种植在高于地面植床的花境形式。植床一般使用瓦片、砖块、木条等材料作为围壁，植物选择以中低层为主，色彩、株型较为丰富，营造植物丰富多样、层次分明的景观效果。

● 立式花境

指应用于庭院、公共绿地园路以及需要强化造型、背景的花境，常常利用三脚架、廊架、围栏等构筑物作为攀援植物或直立植物的支撑，再搭配其他植物，组成具有一定立面高度、增加景观立体感的花境。

岩石花境

指应用于模拟岩石、高山、瀑布景观以及设置在园地缓坡区域，在石缝中以自然方式种植各种植物的花境。一般采用岩石和石头作为主体，岩石和石头为花境提供了良好的排水条件，多选择耐旱、耐阳植物，营造自然生长的野趣景观。

庭院花境

指应用于私家庭院、村舍庭院中，可以根据庭院面积、环境条件以及造园预算等因素创造出符合个人爱好的花境。私家庭院能够为造园者提供发挥创造性的空间，可以选择观赏蔬菜、养护方便的宿根花卉等个人偏好的植物，兼具功能性以及观赏性。由于私家庭院一般面积较小、空间较为密闭，要重点注意植物材料的选择，符合植物艺术搭配原则，避免造成混乱无序的景观效果。

滨水花境

指应用于水体驳岸处，作为水体与草地之间的过渡，主要选择多年生湿生植物，搭配耐湿观赏草、多年生花卉、乔灌木等植物布置的花境。滨水花境能够为水体倒影提供色彩材料，丰富滨水景观的立面效果，形成条带状的滨水景观线。

按观赏时间分类

单季花境

指依据不同季节的气候特点，选择当季不同类型植物展示独特季节色彩的花境。单季花境在某个季节拥有缤纷夺目的景观效果，但在其他季节则会不太起眼甚至萧条。单季花境满足不了公共绿地对花境持久性、稳定性的要求，一般用于庭院或者专为庆祝当季节日所营造。

四季花境

指观赏时间较长，能够广泛应用于庭院与不同场合的公共绿地，每个季节都有不同的季相景观，适用于四季观赏的花境。四季花境能够通过配置不同季相属性、不同株型的植物材料，营造出季节景观此消彼长的效果，增加景观的延续性、时效性。

按经济用途分类

药用植物花境

指以药用植物为主组成的花境，不仅能够种植药用植物，同时还具备观赏性。药用植物种类丰富，需要造园者熟悉各种植物的药性以及植物之间属性的配合，避免栽植具有毒性的植物。此类花境多应用于私家庭院、专类植物园等场所，应避免公共绿地以及儿童嬉戏的区域。

芳香植物花境

指以芳香植物为主组成的花境，种类繁多，多为草本植物，具有美容、保健、食用、舒缓身心等功能。芳香植物花境不仅具备良好的视觉观赏性，有些植物碰触、揉搓能释放香气，而且芳香植物的某些部位在通风的位置还能散发出迷人的香气，给人带来嗅觉和触觉等感官的体验，多应用于私家庭院、公共绿地、盲人游园区等区域。

食用植物花境

指以食用植物为主组成的花境。食用植物通常选择观赏蔬菜类、攀援瓜果类或者可食用花卉类的植物，不仅具有大多数花卉所不具备的食用、饮用功能，同时具有独特的观赏效果。蔬菜植物的株型、色彩，花朵的色彩形态，果实的造型、成熟程度等都是具有季相性的观赏部位。由于食用植物花境的食用性，需要造园者精心护理，对攀援植物支撑架合理设置，要特别注意防治病虫害对景观的破坏。

按花色分类

● 单色花境

指整个花境均由同种花色或同一色系的花卉组成。单色花境能够更好地表达造园者的设计意图，例如在秋季种植黄色花境能够充分表达热情缤纷的氛围等。单色花境在花色上一般选择同一色系、不同深浅度的花卉，以及在植物株形、高度以及叶片质地等方面来凸显层次。

● 双色花境

指整个花境均由两种花色或两种色系的花卉组成。双色花境一般选择色彩对比鲜明的互补色、邻近色花卉进行配植，带来视觉上的冲击，能够更好地吸引游人的注意力，成为整体景观的焦点。双色花境比单色花境、混色花境更加能够加深游客的印象，应用时需要注意花色色系的衬托搭配，例如黄色与红色、蓝色与橙色、紫色与红色等。

● 混色花境

指整个花境由多种不同花色或色系的花卉组成，是最广泛使用的花境形式。混色花境缤纷灿烂的色彩以及错落有致的植物搭配，一般应用于面积较大、场地较为开阔的公共绿地。混色花境虽然能够选择多种花色的植物，但是造景时仍需注意避免近似色植物的集中栽植，花色种类不宜过多，避免显得花境杂乱无序。

按观赏角度分类

● 单面花境

指供游人观赏一面景观的花境，多用于道路两边强调边界，也可用于林间以树林为背景的开旷空间，多姿多彩，前低后高，开花时不互相遮挡。

● 双面花境

指供游人观赏两面景观的花境，多布置在草坪、道路或树丛中，边缘以规则式居多，没有背景，中间高两边低，景观两面均具有观赏性，对称的景观或两侧景观可组成图案造景。

● 对应式花境

指在人行道、道路为中心轴线左右呼应的花境。植物配置方面，既追求具有独特的景观效果，又要互相配合、互相衬托。其多为直线形造景，左右两侧完全对称或不完全对称。

● 四面花境

观赏角度较多，景观效果最佳，一般布置在园路两侧或建筑物周围，所有植物都具有独立的观赏视角，这类花境通常设置在人群较为密集的区域。

其他分类形式

花境分类依据众多，不仅仅局限于以上形式。根据不同的种植条件与种植形式还有不同的分类形式，例如按照花境的种植轮廓、光线强度、水分多少等方式进行分类等。

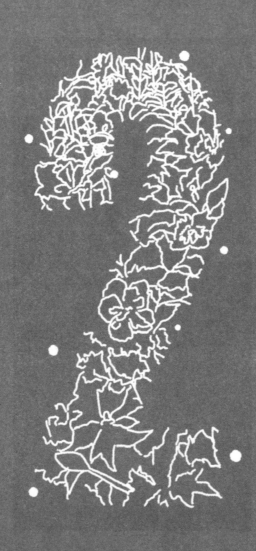

第二章

一二年生
花境植物

造景功能

一二年生花卉种类丰富，色彩缤纷，不同季节有不同的品种，营造不同的景观效果。由于一二年生花卉的株型限制及生长期短暂，一般作为前景植物配置，层次较为单一，同时养护成本也较高。

一串红

别名：墙下花、西洋红、炮仔花
科属名：唇形科鼠尾草属
学名：*Salvia splendens*

形态特征

多年生草本或亚灌木，常作一年生栽培，株高30～80 cm。茎4棱，基部木质化。叶对生，有柄，披针形或长圆状披针形。总状花序顶生，被红色柔毛；花2～6朵轮生；花萼钟状，萼片与花冠同色；花冠筒长约4 cm，鲜红色。坚果。花期8～10月。品种有猩红必俏（cv. Picante Scarlet）、橙红莎莎（cv. Salsa Salmon）、橙红双色（cv. Salmon Bicolor）、酒红（cv. Salsa Burgundy）、紫展望（cv. Vista Purple）、淡紫展望（cv. Vista Light Purple）、白展望（cv. Vista White）。

适应地区

世界各地广泛栽培，在我国是常见的园林花卉。

生物特性

喜温暖、湿润和阳光充足的环境，畏霜寒，忌干热。最适宜生长温度为18～25 ℃，10 ℃以下则叶子变黄脱落，高于30 ℃则叶、花变小。不耐涝，要求疏松、肥沃、排水良好的土壤。

繁殖栽培

播种或扦插繁殖。发芽最适宜温度约21 ℃，光照充沛有助于种子发芽。扦插繁殖5～8月均可进行嫩枝扦插，约3周生根，培养2个月即可开花。栽培要用肥沃的土壤，生长前期不喜水多，否则易发生黄叶、落叶现象。浇水要求干透浇足，土质经常水湿通气不良，则影响新根萌发，待进入生长旺期，可适当增加水量，并追肥1～2次，则开花繁茂。小苗3～4片真叶时应摘心打顶，促其萌发侧枝；注意经常灌水。

酒红　橙红双色　淡紫展望
橙红莎莎　白展望　紫展望

● 景观特征

是应用最广泛的观赏花卉之一。在公园、街道、广场、庭院等地栽植，花红色艳，花朵繁茂，串串红花映入眼帘，热情似火，气势不凡，常用的红花品种，其花萼、花冠的红艳色泽为其他花草所不及。是人们最钟爱的花卉。

● 园林应用

常用于花坛、花丛的主体种植材料，宜与其他浅色花卉配合布置。矮生品种适宜做花坛镶边或盆栽，白色品种与红色、紫色品种配合，观赏效果更佳。

一串红花境景观

一串红花境景观

一串红花境景观

长春花

别名：日日春、山矾花
科属名：夹竹桃科长春花属
学名：*Catharanthus roseus*

形态特征

半灌木，高达 60 cm。全株无毛或仅有微毛。叶膜质，倒卵状长圆形，先端浑圆，有短尖头，基部广楔形至楔形，渐狭而成叶柄。聚伞花序腋生或顶生；花萼 5 深裂，披针形或钻状渐尖；花冠红色，高脚碟状。果双生，平行或略叉开。花期、果期几乎全年。品种有酒红水晶(cv. Quartz Burgundy)、杏黄太平洋(cv. Pacific Apricot)。

适应地区

现栽培于热带和亚热带地区，我国栽培于西南、中南及华东等地区。

生物特性

喜温暖、阳光充足和稍干燥的环境，怕严寒、忌水湿，对土壤要求不严。抗干旱能力强，但不耐低温和水涝。生长适温为 20 ~ 33 ℃，越冬温度为 10 ~ 12 ℃。

繁殖栽培

多采用播种繁殖。早春播种，待小苗长到 3 ~ 4 片真叶时开始分苗移栽。还可用扦插繁殖，可在春季剪取越冬老株上的嫩枝，附带部分叶片，注意遮阴及保持湿度。生长季节每隔 1 个月追施一次有机肥或复合肥，能有效促进开花结果。栽培环境要求通风良好，如枝叶茂密，需适当修剪。

景观特征

植株姿态优美，顶端每长出一叶片，叶腋间即冒出两朵花，生机勃勃。从春到秋季开花从不间断，所以有"日日春"之美名。单株或群体种植观赏价值较高。

园林应用

是夏、秋季的重要花木，可于花坛和花境中丛植或片植，也可布置于岩石园中，与各种山石景观相互搭配。

杏黄长春花

本地长春花

红晕长春花

堇紫长春花

白花长春花

酒红水晶 ▷

长春花花境景观

长春花花境景观

长春花花境景观

金鱼草

别名：龙口花、龙头花、洋彩雀
科属名：玄参科金鱼草属
学名：Antirrhinum *majus*

形态特征

多年生草本。茎直立，高30 ~ 80 cm，中上部有腺毛。茎下部的叶对生，上部的叶互生；叶片披针形至长圆状披针形，全缘，无毛；有短柄。总状花序顶生；花冠红色、紫色、黄色、白色，蒴果卵形。花期、果期6 ~ 10月。品种有紫编钟(cv. Chimes Lavender)、铜编钟(cv. Chimes Bronze)、黄编钟(cv. Chimes Yellow)、白紫(cv. Lavender Bicolor)、杏黄(cv. Apricot Bicolor)、花雨混色(cv. Flora Shower Mix)。

适应地区

现世界各地广为栽培。我国许多省区也有大量的引种栽培。

生物特性

较耐寒，不耐热，生长适温3月为7 ~ 10℃、4 ~ 9月为13 ~ 16℃，幼苗在5℃条件下通过春化。喜阳光，阳光充足则花色鲜艳；耐半阴，在半阴条件下植株生长偏高，花序伸长，花色较淡。不能积水，否则根系腐烂，茎叶枯黄凋萎。喜肥沃、疏松和排水良好的微酸性砂质壤土。

繁殖栽培

以播种繁殖为主。种子细小，秋播或春播于疏松砂质混合土壤中，播后不盖土或覆盖一层非常薄的土，保持潮润。发芽适温为20℃，播后7 ~ 14天发芽。生长过程中，通常每10天左右追肥一次。浇水时应尽量避免从植株上方给水，以减少叶面湿度和水滴飞溅传播病害。定植后，苗高达20 cm时进行摘心，摘去顶端3对叶片，通常保留4个健壮侧枝，其余较细弱的侧枝应尽早除去。

杏黄　　　白紫　　　铜编钟

花雨混色　　　黄编钟　　　金鱼草花境景观

紫编钟 ▷

景观特征

植株矮生，丛状紧凑，生长整齐，花形奇特，花冠具二唇瓣，基部膨大，因其形似金鱼、龙头而得名。花色浓艳丰富，有白、淡红、深红、肉色、深黄、浅黄、橙黄等颜色，花期比较长，群植或单株盆栽观赏价值均高。

园林应用

矮生和超矮生品种用于花境布置、盆花造景时，成片摆放在城市广场，组成景点，装饰效果显著。中秆和高秆品种是切花的好材料，用它制作花篮或插瓶，烘托欢乐和幸福的气氛。

金鱼草花境景观

金鱼草花境景观

金鱼草花境景观

夏堇

别名：蓝猪耳、虎口仔
科属名：玄参科夏堇属
学名：*Torenia fournieri*

形态特征

直立草本，高 15 ~ 50 cm。茎几无毛，具 4 窄棱，不分枝或中、上部分枝。叶对生，长卵形或卵形，几无毛，先端略尖或短渐尖，基部楔形，边缘具短尖的粗锯齿。花通常在枝的顶端排列成总状花序；萼椭圆形，绿色或顶部与边缘略带紫红色；花冠筒淡青紫色，背黄色；上唇直立，浅蓝色，宽倒卵形，顶端微凹；下唇裂片矩圆形或近圆形，紫蓝色，中裂片的中下部有一黄色斑块。蒴果长椭圆形。花期 6 ~ 12 月。品种有粉公爵夫人（cv. Duchess Pink）、深蓝公爵夫人（cv. Duchess Deep Blue）、蓝白小丑（cv. Clown Blue White）、改良蓝小丑（cv. Clown Blue Improved）。

适应地区

我国南方常见栽培，有时在路旁、墙边或旷野草地也偶发现有逸生的。

生物特性

喜阳光，耐热，但耐寒性较差。对土壤适应性较强，喜湿润、排水良好、中性或微碱性的壤土。生育适温为 15 ~ 30 ℃。

夏堇花境景观

繁殖栽培

可用播种和扦插法繁殖。一般于春季播种，因种子细小，播后可不覆土，但要用薄膜覆盖保湿，播后用浸水法浇水，发芽适温为

改良蓝小丑

蓝白小丑

粉公爵夫人

20 ～ 30 ℃，约 10 天发芽。扦插繁殖一般于 5 ～ 8 月进行。苗期摘心，以促使多分枝、多开花。栽培时宜放在光照充足的地方，以保持花色艳丽；栽培前需要施用有机肥做基肥，日常管理勿施太多肥料，生长期施 2 ～ 3 次化肥或有机肥。

景观特征

株形美观，花朵小巧，且唇形的花朵与堇菜颇为相像而得名。花色为淡雅的蓝色，或为夏季少有的紫色，能带来清凉的感觉，加上分枝多且姿态整齐，不需特别照顾，为夏季极受欢迎的草花。

园林应用

为夏季花卉匮乏时期的优美草花，是长江流域地区布置花台的优良品种，也可为花境背景材料。适宜庭院规则盆栽或小片种植，并可做树池隙地的绿化材料。

夏堇花境景观

＊园林造景功能相近的植物＊

中文名	学名	形态特征	园林应用	适应地区
紫萼蝴蝶草	*Torenia violacea*	草本，高 10 ～ 40 cm。叶卵圆形。花成短总状花序，花冠蓝紫色或白色。蒴果狭椭圆形	同夏堇	一般分布于长江以南各省区

夏堇花境景观

醉蝶花

别名：西洋白花菜、凤蝶草、紫龙须
科属名：白花菜科醉蝶花属
学名：*Cleome spinosa*

形态特征

一年生草本植物，高 80 ~ 100 cm。全株茎、叶被茸毛，有浓烈异味。掌状复叶，小叶 5 ~ 7 片，矩圆状披针形，基部楔形，全缘；托叶变成小钩刺。萼片条状披针形，向外反转；总状花序顶生，无限花序由下向上逐渐绽放；花瓣 4 枚，倒卵形，有长爪，具微芳香，小花具长梗；花白色至淡紫色。蒴果针状。种子浅褐色。花期 7 ~ 9 月。品种有紫火焰（ cv. Sparkler Lavender ）、白火焰（ cv. Sparkler White ）、粉火焰（ cv. Sparkler Rose ）。

紫火焰　粉火焰

紫火焰　白火焰

适应地区

世界各地广泛栽培。

生物特性

生性强健，容易开花。喜充足阳光，耐半阴，较耐旱。喜温暖、通风好的环境，耐热，不耐寒。宜植于肥沃、排水良好的壤土和砂质壤土。

繁殖栽培

可采用播种繁殖，于 3 ~ 4 月播于露地苗床中，发芽适温为 20 ~ 30 ℃，1 ~ 2 周能发芽。华南地区种子即熟即播，秋末冬初也能开花。定植初期可施薄肥，以后要控制施肥，以免植株过于高大，影响美观，通风不良常引发白粉病，可用可利生、白粉克防治。

景观特征

叶掌状，叶姿挺拔，尽其衬托作用，盛花时迎风摇曳，似彩蝶飞舞，轻盈飘逸，醉蝶更醉人，是花姿最美丽动人的花卉之一。

园林应用

花形独特，适应性强，是夏、秋季重要的露地观赏花卉，在花境中常作中景或后景配置，用来布置花坛似群蝶起舞，观赏效果甚佳，也可在林缘草地上成片种植。也适合大型盆栽，花枝瓶插，置于书桌、办公桌上可使人心情愉悦，是园林中应用前景极好的花卉。

＊园林造景功能相近的植物＊

中文名	学名	形态特征	园林应用	适应地区
黄醉蝶花	*Cleome lutea*	小叶 3 ~ 5 片，花橘黄色	同醉蝶花	同醉蝶花
三叶醉蝶花	*C. graveolens*	三出复叶，花白色或淡黄色	同醉蝶花	同醉蝶花

羽叶白 ▷

醉蝶花花境景观

醉蝶花花境景观

醉蝶花花境景观

红花鼠尾草

别名：朱唇、红花菲衣草
科属名：唇形科鼠尾草属
学名：*Salvia coccinea*

形态特征

一年生草本花卉，高50～90 cm。枝近方形，全株被毛。叶对生，叶卵形或卵状三角形心形，微皱，长2～5 cm，宽1.5～4 cm，顶端锐尖，基部近截形，偶为浅心形，边缘有锯齿或钝锯齿，叶面被短柔毛，背面被灰白色短茸毛。花顶生，顶生总状花序被红色柔毛；花2～6朵轮生；花小，花梗较细，花深红色；开花时花萼较早脱落。小坚果长卵形。花期夏、秋季。品种有淑女（cv. Lady），花红色。

适应地区

我国各地广泛栽培应用。

生物特性

适应性强，栽培简易，常自播繁衍。喜湿润和阳光充沛的环境，畏霜寒，生育适温为15～30℃。忌长期水淹，不可浇水过多，过多则叶易发黄脱落，影响生长和开花；高温时期切忌长期淋雨潮湿。秋播花期为翌年早春4月，夏播花期为7～10月。

繁殖栽培

用播种或扦插法繁殖。春、秋、冬季为适期，种子发芽适温为20～25℃，种子具好光性，播种后不可覆盖，保持湿润，10～15天发芽。取成株萌发的健壮新芽，扦插于湿润的河砂或细蛇木屑中，可发芽成苗。定植后摘心一次，促使多分枝，能多开花。用复合肥每20～30天追肥一次，花谢后将残花剪除，并补给肥料，可促使花芽产生，继续开花。花期过后，若施于强剪，可望再萌发新枝，重新生长。注意防虫防病。

景观特征

应用广泛。花顶生，花色绯红，热情奔放，花姿轻盈明媚。片植或丛植时，红波浩瀚，气势宏大，是较好的园林花卉。

蓝花鼠尾草 cv. Rhea

白花鼠尾草

● **园林应用**

适合花坛或盆栽。可与其他颜色的花卉或绿草搭配，用于庭园、街道、广场布置花坛，景观鲜艳明丽，或丛植于草坪之中，能构成万绿丛中一点红的环境。也可大面积栽培，盛花之际，景观尤为柔美优雅。是园林中应用较多的花卉，深受人们喜爱。

红花鼠尾草 花境

✽ 园林造景功能相近的植物 ✽

中文名	学名	形态特征	园林应用	适应地区
蓝花鼠尾草	*Salvia farinacea*	草本，多分枝。叶卵圆形至披针形，叶缘有粗锯齿。轮伞花序，花顶生，多花密集，花萼矩圆状钟形，花朵浅蓝或灰白色	同红花鼠尾草	我国长江流域及以北地区应用多

蓝花鼠尾草 花境

墨西哥鼠尾草花境

墨西哥鼠尾草花境

观赏谷子

别名：紫御谷
科属名：禾本科狗尾草属
学名：*Pennisetum glaucum*

观赏谷子花序 ▷

形态特征

一年生草本。杆高 82 ~ 114 cm。叶二列互生，叶片条形，长 43 ~ 59 cm，宽 3.1 ~ 4.1 cm，幼嫩时青绿色茎和叶的中脉有青紫、粉紫、紫红、紫墨、深紫等多种颜色，富有观赏性。穗状圆锥花序长 7 ~ 22cm，粗 2.1 ~ 2.6cm，花序基部的主轴周围有紫色的柔毛，刚毛状小枝常呈紫色。有不同叶色、花序颜色的品种。

适应地区

我国各地均有栽培。

生物特性

喜充足的阳光，不怕阳光曝晒，在有一定遮阴的条件下也可以生长。最适生长温度为 18 ~ 30℃。在疏松、肥沃、排水良好的微酸性或中性土壤中生长良好。

观赏谷子花序

观赏谷子景观

繁殖栽培

一般采用种子繁殖，分为直播和育苗移栽 2 种方法。

景观特征

叶色丰富、叶形雅致、花序奇特，广受人们喜爱，是近年来常见的观叶、观花植物。

园林应用

常在花镜中做中景植物，是大面积栽培和园林镶边以及大型组合盆栽的极佳选择，也可在花坛或大型容器中栽培，适合城市园林绿化。

羽扇豆

别名：蓝立藤草、扇叶豆、毛羽扇豆
科属名：蝶形花科羽扇豆属
学名：*Lupinus polyphylla*

形态特征

多年生草本，作一二年生栽培应用，高50～100 cm，茎直立。分枝成丛，全株无毛或上部被稀疏柔毛。掌状复叶，叶柄远长于小叶；小叶椭圆状倒披针形，先端钝圆至锐尖，基部狭楔形，上面通常无毛，下面多少被贴伏毛。总状花序远长于复叶，一般长15～40 cm，最长可达60 cm；花多而稠密，互生；花冠蓝色至堇青色，也有红色，无毛，旗瓣反折，龙骨瓣喙尖，先端呈蓝黑色。荚果长圆形。种子卵圆形，灰褐色。花期5～8月。品种有画廊系列（Gallery Series）、兰珍珠（cv. Pearl Blue）。

适应地区

世界各地多有引种栽培。

生物特性

喜凉爽、阳光充足，略耐阴，耐寒性较强，要求冬季温暖、夏季凉爽，忌炎热、多雨。要求土层深厚、疏松、肥沃、排水良好的微酸性砂质壤土。因其直根性而不宜移植。

繁殖栽培

需直播，忌移植。种子在21～30℃交替变温条件下约30天发芽。秋播较春播开花早，园艺品种需用扦插繁殖才能保持原有特性。于春季剪取根茎处萌发枝条，插于砂床内生根。初期需要肥水管理，花后可将凋谢花朵摘除，防止自花结实，并促进当年第二次开花，秋末可将花梗剪去。华北地区需保护越冬。

景观特征

叶色青翠，掌状复叶叶姿整齐美观，清爽宜人；花序挺拔丰硕，花色美丽，多变化；片植或丛植，洋洋洒洒，一大片花的海洋，效果极佳，是人们喜爱的园林植物之一。

园林应用

花序挺拔丰硕，花期较长，花境中作中景植物配置，为观赏的焦点。也适合花坛、盆栽或切花，是供片植或带状花坛的良好材料。

羽扇豆花境景观

兰珍珠

羽扇豆花境景观

画廊系列

画廊系列

画廊系列

羽扇豆花境景观

何氏凤仙

别名：非洲凤仙、玻璃翠、指甲花
科属名：凤仙花科凤仙花属
学名：*Impatiens wallerana*

形态特征

多年生肉质草本，高30～70 cm。茎直立，绿色或淡红色。叶互生或上部螺旋排列，具柄，叶片宽椭圆形或卵形至长圆状椭圆形，顶端尖或渐尖，有时突尖，基部楔形，边缘具圆齿状小齿，齿端具小尖，两面无毛。总花梗生于茎枝上部叶腋，通常具2朵花，长3～6 cm；花大小及颜色多变化。蒴果纺锤形，无毛。花期分春、秋两季。品种有红星博览(cv. Expo Red Star)、白花博览(cv. Expo White)、紫星云(cv. Stardust Raspberry)、超级精灵(cv. Super Elfin)。

适应地区

世界各地广泛引种栽培。

生物特性

喜温暖、多湿，夏季32 ℃以上则呈休眠状态。不耐寒，生育适温为16～26 ℃。耐阴，不耐旱。

繁殖栽培

播种或扦插繁殖。秋、冬、春三季均适合，发芽适温18～22 ℃。种子具好光性，不必覆土，经15～20天发芽。可在春秋剪健壮枝条，每段6～8 cm，扦插于河砂或珍珠岩中，保持湿度，约经20天能发根成苗。定植后摘心一次，可促多分枝，多开花。施肥用有机肥做基肥，每月再用复合肥作追肥。平时培养土要保持湿润。

景观特征

叶色嫩绿，花色艳丽；几个颜色不同的品种搭配种植有"乱花渐欲迷人眼"的效果；花扁平似小蝶，微风吹拂，十分动人。群体整齐，花朵繁盛，大型花坛景观犹如花海。

园林应用

花期长，适合花坛、花台、盆栽或吊盆栽培。耐阴性好，可大面积丛植于大型绿化树种周围，也可于建筑物背阴处种植作美化环境用。

白花博览　紫罗兰非洲凤仙　超级精灵　淡粉非洲凤仙　西瓜红非洲凤仙　橙色星条

何氏凤仙花 ▷

何氏凤仙花境景观

何氏凤仙不同品种营造的花境景观

何氏凤仙花境景观

何氏凤仙不同品种营造的花境景观

八宝景天

别名：蝎子草、华丽景天、长药景天、大叶景天
科属名：景天科景天属
学名：*Sedum spectabile*

形态特征

多年生肉质草本，株高30～50cm，地下茎肥厚，地上茎簇生，粗壮而直立，全株略被白粉，呈灰绿色。叶轮生或对生，倒卵形，具波齿状。伞房花序密集如平头状，两性，稀单性，常为不等5基数，雄蕊通常为花瓣数的2倍，心皮分离或基本合生。花期7～10月。花色多种。

晨霜八宝

适应地区

在我国东北、华北和西北地区园林应用。

生物特性

性喜强光和干燥、通风良好的环境，耐低温，生长适温为15～28℃，长势强健。喜排水良好的土壤，耐贫瘠和干旱，忌雨涝积水。

繁殖栽培

可用分株或扦插繁殖，但以扦插为主。在华北地区，主要于4月中旬至8月上旬进行。扦插最佳温度为21～25℃，避开雨季，扦插成活率更高。

景观特征

植株整齐，生长旺盛，开花整齐有气势。

园林应用

在花境中做前景或镶边植物，常盆栽于庭园、花坛，也常用于地被，观赏价值极高。

八宝景天花境景观

八宝景天花境景观

八宝景天花境景观

耀眼八宝 ▷

八宝景天花境景观

八宝景天花境景观

雏菊

别名：延命菊、春菊
科属名：菊科雏菊属
学名：*Bellis perennis*

形态特征

多年生或一年生草本，高 7 ~ 15 cm。叶基生，匙形，顶端钝圆，基部渐狭成柄，上半部边缘有疏钝齿或波状齿。头状花序单生，直径 2.5 ~ 3.5 cm；花葶被毛；舌状花一层，雌性，舌片白色带粉红色，开展；管状花多数，两性，均能结实。瘦果倒卵形，扁平，有边脉，被细毛，无冠毛。品种有红塔索（cv. Tasso Red）、混色塔索（cv. Tasso Mix）。

适应地区

世界各国均有栽培，应用于我国南北各地。

生物特性

性强健，喜冷凉、湿润，较耐寒，冬季有雪覆盖、地表温度不低于 3 ~ 4 ℃的条件下可以露地越冬。重瓣大花品种耐寒力较差，不耐酷热，夏季呈休眠状态，入秋后又可第 2 次开花。喜肥沃、湿润、排水良好的土壤，耐移植。

繁殖栽培

播种繁殖，但播种苗往往不能完全保持母株特征，为保持纯种，夏凉地区可用分株繁殖。在秋季播种，种子发芽适温 15 ~ 20 ℃，将种子均匀撒播于疏松、肥沃的土壤中，种子好光，不用覆盖，约 10 天发芽。栽培处排水及通风需良好，全日照或半日照均理想，日照不足，植株易徒长，开花不良。定植成活后即施用复合肥一次作追肥。

景观特征

植株小巧玲珑，花期长，花色繁多，花形、花姿多样，自冬末至春季开花络绎不绝，是布置花坛、花境的好品种，人们甚爱之。

混色塔索

雏菊花境景观

✳ 园林造景功能相近的植物 ✳

中文名	学名	形态特征	园林应用	适应地区
全缘叶雏菊	*Bellis integrifolia*	花冠 2.5 cm，淡紫色或白色	同雏菊	适合各地庭院栽培
林地雏菊	*B. sylvestris*	头状花序稍下垂，舌状花顶端深红色	同雏菊	适合各地庭院栽培

红塔索 ▷

● **园林应用**

花期长，适合冬、春季作园林花卉观赏，是华北地区早春到五一节前后布置花坛、花境、草地边缘不可缺少的重要花卉。非常适合做花境镶边植物，还可用于岩石园。也可盆栽装饰室内案边、窗台，优美别致。有些矮生品种可用于毛毡花坛。

雏菊花境景观

雏菊花境景观

雏菊花境景观

金鸡菊

科属名：菊科金鸡菊属
学名：*Coreopsis basalis*

形态特征

一年生草本，高 60 ~ 120 cm。枝条纤细，成株分枝多，全株光滑或有刚毛。叶对生，大部分为 1 ~ 3 回羽状分裂；小叶线状披针形至圆形。头状花序，直径约 5 cm；总苞苞片内外有一半等长；中央管状花冠紫褐色，周围具星状赤色环纹，具刺状萼片；舌状花放射状，不孕性，黄色，基部具红棕色。瘦果黑色。花期春至夏季。品种有黎明（cv. Early Sunrise）。

适应地区

世界各地均有栽培，我国园林中广泛应用。

生物特性

喜温暖、湿润气候，不喜酷热，忌高温，耐寒力不强，冬季需冷床保护越冬，生育适温为 15 ~ 25 ℃。耐干旱及瘠薄土壤，对土壤要求不严，在肥沃、湿润、排水良好的砂质壤土中生长更好。

繁殖栽培

用播种法，大部分地区早春、温暖地区秋或冬季也可播种，发芽适温为 15 ~ 20 ℃，种子好光性，6 ~ 8 天可发芽。也可用直播法，将种子直接播种于栽培地，发芽成苗后再间苗，不作移植。日照充足开花繁盛，荫蔽处开花疏少。每月约施肥一次。生长期均需注意补给水分和病虫害防治。

金鸡菊花境景观

金鸡菊花境景观

景观特征

枝条纤细而柔和，分枝多，株形自由；花瓣鲜黄明丽，中央筒状花花冠呈紫褐色，周围具星状赤色花纹。多花性，盛开时一片花海，美不胜收，阵风吹来，花浪起伏，柔美而壮观，是较好的观赏花卉。

✱ 园林造景功能相近的植物 ✱

中文名	学名	形态特征	园林应用	适应地区
重瓣金鸡菊	*Coreopsis lanceolatax* var. *florepleno*	宿根草本。叶狭，多簇生于基部。头状花序，径 5 ~ 6 cm，舌状花黄色，重瓣，顶端 3 裂	同金鸡菊	同金鸡菊
蛇目金鸡菊	*C. tinctoria*	无明显的羽状叶。花朵朝天向上，花瓣复色	同金鸡菊	各地均有栽培

金鸡菊花境景观

● **园林应用**

生性强健，栽培容易，是庭园美化的好花卉。适合盆栽，花境中常作前景或中景植物配置，于园林空地、建筑物周围片植、丛植，效果也好。

蛇目金鸡菊

金鸡菊花境景观

金鸡菊花境景观

波斯菊

别名：秋英、大波斯菊、扫帚梅
科属名：菊科秋英属
学名：*Cosmos bipinnatus*

形态特征

一年生草本，高 1 ~ 2 m。根纺锤形，多须根，或近茎基部有不定根。茎无毛或稍被柔毛。叶对生，2 回羽状深裂。头状花序单生，总苞片外层披针形或线状披针形，近革质，淡绿色，具深紫色条纹；舌状花紫红色、粉红色或白色；管状花黄色。瘦果黑紫色，无毛。花期 6 ~ 8 月，果期 9 ~ 10 月。品种依花色分类，有白花波斯菊（var. *albiflorus*），花纯白色；大花波斯菊（var. *grandiflorus*），花径大，有紫、红、粉、白等色；紫花波斯菊（var. *purpureus*），花紫红色；还可依花瓣类型分类。

黄波斯菊花色　黄波斯菊花色

适应地区

在我国栽培甚广，路旁、田埂、溪岸常自生。

生物特性

性强健。喜温暖、向阳及通风良好的环境。耐干旱、瘠薄的土壤，不耐积水。自繁能力强，成熟种子落地能成长开花，若控制肥量，从播种到开花只需 40 ~ 50 天，生育适温为 10 ~ 25 ℃。

繁殖栽培

播种或扦插繁殖。秋、冬、早春均适合播种，发芽适温为 18 ~ 25 ℃。栽培土质以壤土为佳，排水、日照需良好。其特性为吸肥力强，土质太肥沃或施用氮肥过多，生长旺盛不利开花；反之，土壤太贫瘠则生长不良。生长期要进行适当剪枝和摘心，促使植株矮化，则分枝多、开花多。病害用普克菌、大生防治，虫害用速灭松、万灵防治。

景观特征

株茂多姿，花期长，花色丰富，且颜色均鲜嫩淡雅，风韵撩人。大面积栽培，盛花时花海一片，颇富诗意。盆栽观赏效果良好，是时下最流行的花境植物之一。

园林应用

植株高大，又能自播繁殖，适合做花境背景、中景植物。于篱边散植或山石、崖坡、宅旁点缀，配植于路旁、草坪边缘，效果佳。不同颜色的品种相互搭配，形成条纹、彩带，布置花坛，显得卓尔不凡，也是盆栽和切花的好材料。

波斯菊花色

波斯菊花境景观

波斯菊花色 ▷

黄波斯菊花色

粉波斯菊花色

粉波斯菊花色

❋ 园林造景功能相近的植物 ❋

中文名	学名	形态特征	园林应用	适应地区
异叶波斯菊	*Cosmos diversifolius*	多年生草本。有块根。头状花序，径约 5 cm，舌状花粉红或淡紫色。瘦果有角无喙	同波斯菊	同波斯菊
黄波斯菊	*C. sulphureus*	叶羽状，裂片披针形。舌状花纯黄、金黄或 橙黄色，还有带红晕的重瓣品种	同波斯菊	同波斯菊

波斯菊花境景观

天人菊

别名：虎皮菊、忠心菊、美丽天人菊
科属名：菊科天人菊属
学名：*Gaillardia pulchella*

形态特征

一年生草本，高 20 ~ 60 cm。茎中部以上多分枝，分枝斜升，被短柔毛或锈色毛。下部叶匙形或倒披针形，边缘波状钝齿，浅裂至琴状分裂，先端急尖，近无柄；上部叶长椭圆形、倒披针形或匙形，叶两面被伏毛。头状花序径 5 cm；总苞片披针形，边缘有长缘毛，背面有腺点，基部密被长柔毛；舌状花黄色，基部带紫色；管状花裂片三角形，被节毛。瘦果，基部被长柔毛。花期 6 ~ 10 月。主要变种有矢车天人菊（var. *picta*），头状花序较大，舌状花冠 5 裂，内卷成偏漏斗状，沿花盘排成多轮；筒花天人菊（var. *lorenziana*），舌状花与管状花较大，呈筒状。

适应地区

世界各地均有栽培，我国各地庭园均有应用。

亚利桑那宿根天人菊

金黄天人菊

宿根天人菊

天人菊

生物特性

性强健，耐夏季之干旱和炎热，喜阳光充足，又具一定的耐阴性。不耐寒，能耐初霜，生育适温为 10 ~ 25 ℃。要求土壤疏松、排水良好。

繁殖栽培

播种和扦插繁殖。播种于秋、冬、春季均可，春季最佳。4 月初在露地床播保持湿度，种子发芽适温为 18 ~ 25 ℃，约 2 周后出苗。真叶发出 4 ~ 6 片时移植一次，苗高 6 cm 时定植。扦插可在秋季进行，翌年 4 月初定植。定植成活后，用少量有机肥或复合肥每月施一次，忌氮肥太多。若不收留种子，花谢后应立即剪除残花，略施薄肥，可促使新芽发生，开花不绝。

天人菊 ▷

● 景观特征

植株繁茂，应用广泛，花色艳丽，头状花序圆盘状，舌状花黄色与紫色搭配，花姿娇娆，不俗不媚，成簇栽培，缤纷悦目。

● 园林应用

生性强健，耐风、耐旱、耐高温，非常适合地势高而不易供水之地栽培，在花境中常做前景或镶边植物，用来美化道路两旁、坡地、滨海游憩区等，效果独特。由于花期长，在园林中可广泛应用，散植或丛植均可。

* 园林造景功能相近的植物 *

中文名	学名	形态特征	园林应用	适应地区
宿根天人菊	*Gaillardia aristata*	草本，全株被长毛。茎叶多分散，基部叶多匙形，上部叶披针形，全缘至波状羽裂。花序顶生	同天人菊	同天人菊
大花天人菊	*G. grandiflora*	多年生草本。花色丰富，有金黄、橙红、大红等色	应用广泛，最适合布置花坛、花境	长江流域及以北地区应用广泛

明黄大花天人菊

天人菊景观

天人菊景观

天人菊景观

向日葵

别名：太阳花、向阳花、葵花
科属名：菊科向日葵属
学名：*Helianthus annuus*

形态特征

一年生高大草本，茎直立，高 1 ~ 3 m。粗壮，被白色粗硬毛，不分枝或有时上部分枝。叶互生，心状卵圆形或卵圆形，顶端急尖或渐尖，有 3 基出脉，边缘有粗锯齿，两面被短糙毛，有长柄。头状花序大，花径 10 ~ 30 cm，单生于茎端或枝端，常下顷；总苞片多层，覆瓦状排列，卵形至卵状披针形；花托平或稍凸，有半膜质托片；舌状花多数，黄色，舌片展开，长圆状卵形或长圆形；管状花极多数，棕色或紫色。瘦果倒卵形或卵状长圆形，稍扁压。全年均能开花，但主要花期在春季或秋季。品种有金色小熊（cv. Teddybear Golden Yellow）、欢笑（cv. Big Smile）、黄强壮（cv. Pacino Yellow）。

金色小熊

向日葵

柳叶向日葵花境景观

菊芋

适应地区

世界各地有栽培。

生物特性

生性强健，喜温暖或高温，喜阳光充足，适应性强，耐寒性较强，生育适温为 15 ~ 35 ℃。耐干旱。对土壤要求不严，栽培土质以肥沃的砂质壤土为佳。

繁殖栽培

用播种法繁殖。全年均可播种，但以春、秋季为佳。种子发芽适温为 22 ~ 30 ℃。将种子点播入土深约 1 cm，经 5 ~ 7 天可萌芽，待幼苗真叶发至 4 ~ 6 片时再移植。也可直播，将种子直接点播于盆内或栽培地。定植成活后即施用复合肥或各种有机肥，并在根部覆土，巩固根部避免倒伏。若植株高大，必要时设立支柱、扶持株身，防止折枝。花蕾形成后宜多灌水、保持土壤湿润。

景观特征

花色金黄，酷似金色的大太阳，耀眼夺目。头状花序能跟随太阳的日出日落而转动，是积极向上、追求美好、活泼有趣的花中仙子。生性强健，适应性强，植株坚挺，身材苗条，是极好的观赏花卉。

园林应用

花大、色艳、花期长，适宜片植于林缘和草地中，除自身亮丽的黄色外，还可与其他花卉搭配，形成丰富的景观效果。适应性强，各类绿地均可适用。还可盆栽装饰阳台或楼顶，是一种应用广泛的花卉。

向日葵花镜景观

银叶菊

别名：白妙菊、雪叶菊
科属名：菊科千里光属
学名：*Senecio cineraria*

形态特征

多年生草本，株高 15 ~ 30cm，全株密覆白色绒毛。叶匙形或羽状裂叶，质厚，叶缘呈不规则深裂或浅裂、白色绒毛较长，基生叶基部常具耳。头状花序少数至多数，排成顶生圆锥聚伞花序，稀单生于叶腋，通常具花序梗。花期夏季到秋季，果期秋季。有栽培种细裂银叶菊（*Senecio cineraria* cv. Silver Dust）。

适应地区

原产地中海沿岸，现广泛栽培。

生物特性

系阳性植物，喜充足、明亮的光照。较耐寒，但是不耐高温，生育适温 15 ~ 25℃。要求以排水良好、肥沃的土壤或砂质壤土为佳。

银叶菊枝叶

银叶菊花境景观

繁殖栽培

可用播种或扦插法繁殖，秋至春季为适期。种子发芽适温为 15 ~ 20℃，秋至冬季播种后御寒越冬，春季再移植。扦插 20 ~ 30 天能长根成苗。

景观特征

叶姿独特，全株密覆白色绒毛，有如皑皑白雪披被，在夏天炎炎烈日下耀耀发光，给人一丝凉意，欧美国家均称其为"银叶植物"。银叶菊是观叶植物中叶色最具特色的种类，观赏价值极高，深受人们喜爱。

园林应用

在花境中常做镶边植物，适合盆栽或花坛美化，尤其适于庭园花坛布置。亦可在大面积的平地、斜坡作地被植物配置。

银叶菊花境景观

银叶菊花境景观

银叶菊花境景观

瓜叶菊

别名：千日莲、千叶莲、富贵菊
科属名：菊科千里光属
学名：*Pericallis hybrid*（*Senecio cruentus*）

形态特征

多年生草本，通常作一二年生栽培。植株高矮不一，矮者仅 20 cm，高者可达 90 cm，全株密被柔毛。叶大，心状卵形至心状三角形，叶缘具波状或多角齿，具长叶柄，整个叶似黄瓜叶。头状花序簇生，呈伞房状，花序径 3.5 ~ 12 cm，单瓣或重瓣状；花瓣色彩丰富，呈白色、红色、紫色、蓝色、复色，但无黄色。花期春季。品种有玫红纪念品（cv. Sonvenir Rose）、紫色纪念品（cv. Sonvenir Lavender）、洋红色小丑（cv. Jester Carmine）。

瓜叶菊花色

瓜叶菊花色

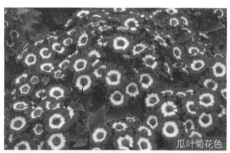

瓜叶菊花色

瓜叶菊花色

瓜叶菊花色

适应地区

原产于大洋洲加纳利岛，以瓜叶菊为主要亲本和其他一些种杂交育成。现世界各地均有栽培。

生物特性

喜阳光充足和通风良好的环境，忌烈日直射。喜凉爽、湿润的气候，生长最适宜温度为 15 ~ 20 ℃。喜富含腐殖质、排水良好的砂质壤土，忌干旱，怕积水，适宜中性和微酸性的土壤。

瓜叶菊花境景观

繁殖栽培

用播种繁殖，种子发芽适温为 15 ~ 25 ℃。北部约在 9 月间、中南部约在 10 月间、高冷地在 7 ~ 8 月播种，播种土宜用细砂混合泥炭土。种子具好光性，播种后不可覆盖，接受日照50% ~ 70%，10 ~ 20 天发芽。土中宜混合少量的长效肥或豆饼做基肥，培养土经常保持湿度。成长期间每 10 ~ 15 天施肥一次，有机肥即可，到花蕾出现前 2 周，减少灌水施肥，可促进花芽分化。

景观特征

重要的温室盆花。单株盆栽或布置花坛观赏价值均高。花姿优雅自然，花色多，有艳丽的、富贵的、典雅的，尤其是花瓣边缘淡红而基部白色的品种，既鲜艳夺目，又淡雅而清新，让人过目难忘，是极具观赏性的花卉品种。

园林应用

花期长，品种多，是常用的冬、春季花卉。可布置花境，做镶边材料，是各地常用的春季花坛植物。可以盆栽形式点缀于室内或庭园装饰，效果佳。

瓜叶菊花境景观

松果菊

别名：紫锥花、紫松果菊
科属名：菊科松果菊属
学名：*Echinacea purpurea*

形态特征

多年生草本，高60～150 cm。全株具粗毛，茎直立。基生叶卵形或三角形，边缘具浅齿，叶柄长约30 cm；茎生叶卵状披针形，叶柄基部稍抱茎。头状花序单生或数朵聚生于枝顶，径8～10 cm；舌状花单轮，淡粉、洋红至紫红色，少数白色，瓣端2～3裂，稍下垂，初开时径约3 cm，逐渐可达10 cm；管状花橙黄色或紫褐色，具光泽，先端刺状，凸起似松果。花期6～7月。园艺品种有紫色松里菊(cv. Purpurea)；亮星(cv. Bright Star)，花色淡紫红色，花期7～8月。

适应地区

我国西北、华东、华中、西南等地栽培。

生物特性

性强健，能自播繁殖。稍耐寒，喜生于温暖、向阳处。稍耐阴，较耐旱，不耐涝，栽培处要求日照良好、不能过湿。日照不足易徒长，开花小而少，土壤过湿则下部叶易变黄、脱落。要求土壤肥沃、深厚及富含有机质。在我国北方不能露地越冬。

繁殖栽培

播种或分株繁殖。播种于春、秋两季进行，发芽适温为18～25 ℃，撒播或点播于栽培介质，保持湿度，8～14天能发芽。栽培容易，管理较粗放。生长期应注意灌水，保持土壤湿润，每月用复合肥或有机肥追施一次，枝叶旺盛后，可酌量减少氮肥的量。可通过摘心或摘芽来控制分枝和花的数量。病虫害少，无需特别关照。

松果菊花色

松果菊花色

松果菊花色

松果菊花色

松果菊花色 ▷

● **景观特征**

花色艳丽高雅，管状花凸出呈球形，有光泽，花姿独特、优美。

● **园林应用**

管理容易，适用于野生花卉园自然式栽植；配置花境、花坛和篱边，或在树丛边缘、草坪边缘栽植也很适宜，为花境前景或中景植物。可做切花材料，水养持久，效果也很不错。

松果菊花镜景观

松果菊花境景观

白晶菊

别名：春白菊
科属名：菊科茼蒿属
学名：*Chrysanthemum paludosum*

形态特征

一年生草本，高 10 ~ 60 cm。直根系，全株光滑无毛或几光滑无毛。叶互生，羽状浅裂或深裂。头状花序异形，单生于茎顶，或少数生于茎枝顶端；花径 2 ~ 3 cm，有长花梗，边缘雌花 1 层，中央盘花两性管状；舌状花纯白色，舌片长椭圆形或线形；两性花黄色，下半部狭筒状，上半部扩大成宽钟状。瘦果，无冠状冠毛。花期早春至春末。

适应地区

中国各地庭园有栽培。

生物特性

喜冬季温暖、夏季凉爽气候。喜阳光，也较耐阴，在光照充足条件下植株生长饱满，花大，色亮。忌高温、多湿，土壤长期过湿易引起基部腐烂，因此梅雨季节要注意避免长期潮湿。

白晶菊花境景观

繁殖栽培

用播种法繁殖。华南地区平地以秋、冬季为播种适期，高冷地也可春播，种子发芽适温为 15 ~ 20 ℃。将种子混合少量细砂或培养土，均匀撒播于苗床上，上面覆土少许，保持湿润，约 1 周能发芽。有机质的壤土或砂质壤土为最佳，排水、日照需良好。由于花期长，生育或开花期间每 20 ~ 30 天追肥一次，各种有机肥或复合肥均理想。

景观特征

花小巧玲珑，花虽小然韵犹在，且白晶菊之韵尤胜其他菊科花卉。虽不能"疏影横斜水清浅，暗香浮动月黄昏"，但也雪白晶莹，素雅高洁。花色清丽、白中带黄，朵朵小花屹立于绿叶之上，更显清新自然，是素雅、清高之花。

✷ 园林造景功能相近的植物 ✷

中文名	学名	形态特征	园林应用	适应地区
黄晶菊	*Chrysanthemum multicaule*	一年生草本，株高十余厘米。叶羽状浅裂或全缘，线形或倒披针形。花顶生，舌状花一轮，鲜黄，中央管状花浓黄色	同白晶菊	同白晶菊

黄晶菊花序 ▷

● 园林应用

白晶菊高雅脱俗，花期早，花开可维持 2～3
个月，最适合花境、花坛美化或小盆栽，是
春季花境应用最重要的花卉之一。也可片植
或丛植于草坪边缘、庭园走道两旁。在坡地
或草坪与其他花卉搭配栽植，可形成百花争
艳、万花争春的景象。在园林中广泛应用。
是花境镶边和前景配置的好材料。

白晶菊花序

白晶菊花境景观

白晶菊花境景观

白晶菊花境景观

甜菜

别名：藜菜
科属名：藜科甜菜属
学名：*Beta vulgaris*

形态特征

二年生草本，根圆锥状至纺锤状，多汁。茎直立，多少分枝，具条棱及色条。基生叶矩圆形，长 20 ~ 30 cm，宽 10 ~ 15 cm，具长叶柄，全缘或略呈波状；茎生叶互生，较小，卵形或披针状矩圆形。花 2 ~ 3 朵团集，果时花被基底部彼此合生；花被裂片条形或狭矩圆形，果时变为革质并向内拱曲。胞果下部陷在硬化的花被内。种子双凸透镜形，红褐色，有光泽。花期 5 ~ 6 月，果期 7 月。在我国常见栽培的有 4 个变种，分别为厚皮菜（var. *cicla*）、糖萝卜（var. *saccharifera*）、紫菜头（var. *rosea*）、饲用甜菜（var. *lutea*）。红柄甜菜（var. *cicla* cv. *Dracaenifolia*），叶柄及叶脉鲜红，与绿色的叶片相映衬，特色分明，另外还有黄柄甜菜。

金色初日甜菜

红柄甜菜花境景观

适应地区

我国各地广泛栽培。

生物特性

喜温暖，较耐寒，生育适温为 15 ~ 25 ℃。栽培土质以肥沃、富含有机质的壤土为佳，排水、日照、通风需良好，排水不良根部易腐烂。

红柄甜菜

繁殖栽培

用播种法繁殖。秋、冬、早春为播种适期，种子发芽适温为 15 ~ 20 ℃。种子甚大，播种前应先浸水 3 ~ 5 小时，再点播于疏松的培养土中，覆土约 0.5 cm，保持湿润，8 ~ 14天能发芽。较耐粗放管理。追肥每 20 ~ 30天施用一次，提高氮肥比例，能促进叶色浓艳美观。病害用普克菌、亿力、大生等防治，虫害可用万灵、速灭松等防治。

血红甜菜

甜菜叶柄 ▷

血红甜菜花境景观

金色初日甜菜花境

● 景观特征

观赏用的甜菜主要观赏其叶。成片栽植叶色亮绿的甜菜，显得娇嫩可爱、春意盎然，叶柄色彩丰富，观赏价值高。

● 园林应用

叶色油绿发亮的甜菜，清新而文雅，适合大片栽植，不仅作观赏用，还可食用和做饲料。装饰花坛或花境，效果很好，还可列植用做花坛或花丛等的隔离带。

红柄甜菜花境景观

美女樱

别名：裂叶美女樱、美人樱
科属名：马鞭草科马鞭草属
学名：*Verbena hortensis*

形态特征

多年生宿根性草本，株高 10 ~ 30cm，茎、叶均被有细小绒毛。叶对生，节间长，叶柄短或近先端轮生，呈长卵圆形，粗锯齿缘，茎叶中所含的汁液甚少。花顶生，花序初为广伞房花序或生长成 5 ~ 7cm 长之穗状花序；花色有粉红、大红、紫、白等颜色。花期春至秋季，长达 2 ~ 3 个月。园艺栽培种较多，多数为原生种的杂交品种，一般有茎枝匍匐性或直立性品种之分。相近种羽裂美女樱（*Verbena bipinnatifida*），2 回羽状深裂，花顶生，花色桃红，中心浓红，花期春至秋季。

适应地区

主要适合华东、华中、西南等地区栽培。

生物特性

性强健。喜阳光，不耐阴。喜温暖，对寒冷有较强的耐受能力，适合温度为 22 ~ 30℃。对土壤要求不严。

繁殖栽培

有播种和扦插两种繁殖方式。春、秋两季均可播种。扦插繁殖，每段 4 ~ 6 节，将茎节浅埋于疏松的砂质土中，浇水保持湿润度即可。

景观特征

花朵外形酷似樱花，具有丰富的色彩和纤弱的枝叶，群体种植或单株种植均可，花朵盛开时一片花海景象，效果极佳。

裂叶美女樱

浅粉美女樱

裂叶美女樱

丁香紫美女樱

● 园林应用

在花境中做镶边或前景植物，可用于公园、
游园或季节花坛，亦可于林缘或草坪上规则
成片栽植，具地被作用。或可单株、多株盆栽，
作为吊盆欣赏。

猩红美女樱

美女樱花境

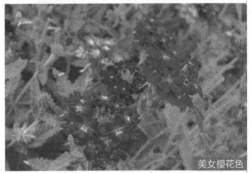

美女樱花色

裂叶美女樱花境

花烟草

别名：烟草花、美花烟草
科属名：茄科烟草属
学名：*Nicotiana alata*

形态特征

一二年生草本，高 0.6 ~ 1.5 m，全体被粘毛。叶在茎下部铲形或矩圆形，基部稍抱茎或具翅状柄，向上成卵形或卵状矩圆形，近无柄或基部具耳，接近花序即成披针形。花序为假总状式，疏生几朵花；花萼杯状或钟状，花冠高脚碟状。蒴果卵球状，种子灰褐色。花期 8 ~ 10 月。

适应地区

我国各地均有引种栽培。

生物特性

喜温暖，对寒冷耐受性不强，北方地区常作一年生花卉栽培，南方温暖地区则成宿根性花卉。日照需充足，日照不足植株易徒长，开花疏松且色淡不美观。喜肥沃、疏松而湿润的土壤。繁殖能力强，具有很强的自播性。生育适温为 10 ~ 25 ℃。

繁殖栽培

多采用播种法繁殖。春、秋季为适期，但以早春播种为佳，发芽适温为 18 ~ 25 ℃，播种时将种子撒播于土面。种子应充分见光，不需覆土，并且土壤要保持湿度，6 月初即可露地定植或盆栽。管理较简易，定植成活后摘心一次，促使多分枝，并且施用复合肥追肥，此后每隔 30 天再追肥一次。

柠檬黄花烟草

玫红花烟草

花烟草

混色

景观特征

以花色鲜艳，花形特别，花朵繁盛为特点，主要适合于群植或丛植观赏。

园林应用

可用于花境或花坛的主体观赏植物，又可将其散植于林缘、路边、水旁，也可将其点缀于其他景物周围，作为衬托物。或可于庭院旁的小型草坪、草地周围作镶边使用。株形小的品种可用于装点家居、办公室。

✳ 园林造景功能相近的植物 ✳

中文名	学名	形态特征	园林应用	适应地区
红花烟草	*Nicotiana sanderae*	草本，全株被黏性柔毛。叶对生。圆锥花序，花红色。蒴果	同花烟草	同花烟草

花烟草花境景观

花烟草花境景观

四季秋海棠

别名：瓜子海棠、蚬肉海棠
科属名：秋海棠科秋海棠属
学名：*Begonia semperflorens*

形态特征

多年生肉质草本，茎直立，高 15 ~ 45 cm。多分枝，叶互生，卵形至阔卵形，长 5 ~ 8 cm，顶端短尖至圆钝，基部稍偏斜，具光泽，边缘有锯齿或睫毛；托叶大而干燥。小花数朵聚生于腋生的聚伞花序柄上，雌雄异花，雄花花被片 4 片，雄蕊黄色；雌花花被片 5 片，雌花有倒三角形子房；花色有红色、橙色、绯红色、粉红色、白色或褐色等。蒴果绿色，有明显红色的翅。几乎全年可开花，但以秋、冬、春三季较盛。品种有猩红和谐（cv. Harmony Scarlet）、猩红前奏曲（cv. Prelude Scarlet）、粉胜利（cv. Victory Pink）、伏特加（cv. Vodka）、粉前奏曲（cv.Prelude Pink）。

适应地区

在世界各地不同气候条件的地区广泛种植。

生物特性

喜温暖、凉爽的环境，不耐高温。喜半阴的环境，不耐强光。喜相对湿度白天为 70% ~ 80%、晚间为 80% ~ 90%，怕干燥和过涝；生长适温为 18 ~ 22 ℃，低于 10 ℃时生长开始缓慢。

繁殖栽培

繁殖可采用播种为主、分株和扦插为辅进行。种子细小，播种后不需覆土，需要光照才能发芽，上盖玻璃或薄膜保湿，防止脱水，种子发芽适温为 22 ~ 26 ℃，约 1 周后可发芽。生长旺盛，生长期应注意补充肥水，每周浇稀肥水一次，浇水要充足，夏季高温季节处于休眠状态，应控制浇水，冬天也应减少浇水量。栽培过程中要进行摘心，以促发侧枝。

景观特征

叶卵圆形，有蜡质光泽，明亮耀目，花顶生或腋生，花色有粉红色、淡红色及白色等，数朵成簇，绚丽多姿，群植或单株盆栽观赏价值均高，大面积栽培，花叶竞艳，清丽高雅。

园林应用

常见的优良花境植物，常作镶边和前景配置。可盆栽置于家居或办公场所作装点用。也可作盆栽造景，可事先将造景材料做成柱状、球形等造型，再将盆花放于其上，可形成花柱、花球等，再配以周围的景观，效果甚好。

四季秋海棠花色

粉前奏曲

粉胜利 ▷

四季秋海棠花色

四季秋海棠花色

四季秋海棠花色

＊园林造景功能相近的植物 ＊

中文名	学名	形态特征	园林应用	适应地区
球根秋海棠	*Begonia tuberhybrida*	草本，茎多汁，地下有扁球形的块茎。叶歪心形。花腋生，花期春至夏季	同四季秋海棠	同四季秋海棠

四季秋海棠花境景观

羽衣甘蓝

别名：叶牡丹、牡丹菜
科属名：十字花科芸薹属
学名：*Brassica oleracea* var. *acephala* f. *tricolor*

形态特征

二年生草本，高 40 ~ 80 cm。主根不发达，须根较多。茎直立，肉质，较粗壮，无分枝。叶片呈白黄色、黄绿色、粉红色或红紫色等颜色，长椭圆形，边缘羽状分裂，叶片较厚，叶面皱缩程度各品种间不同；叶柄较长，约占全叶的 1/3。总状花序，顶生；具花 20 ~ 40 朵，花小；十字形花冠；花黄色，异花授粉。果实长角果，细圆柱形。种子圆球形，黄褐色至黑褐色。花期 4 月，果熟期 5 ~ 6 月。品种有东京白（cv. Tokyo White）、名古屋白（cv. Nogoya White）、羽叶白（cv. Feather White）、羽叶紫（cv. Feather Purple）、名古屋红（cv. Nogoya Red）。

名古屋白

名古屋红

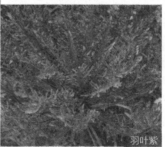
羽叶紫

羽叶白

适应地区

我国大部分省区都有广泛栽培。

羽衣甘蓝的花序

羽衣甘蓝景观

生物特性

喜温和的气候，耐寒性强，能耐 -4 ℃ 的低温，生长期间能经受短暂的霜冻，温度回升后仍可正常生长，也较耐高温，在 30 ~ 35 ℃ 条件下能生长，但叶片纤维增多，质地变硬，品质降低。喜湿润，喜中性或微酸性、富含有机质的壤土。

繁殖栽培

以播种进行繁殖。播种期一般为 7 ~ 8 月。播种时，用富含腐殖质的肥沃砂土做播种床，将种子直接撒播于植床上，不需覆土，但要浇足水，在有光条件下约经 1 周可出苗。幼苗定植前在土中混入少量肥料，定植后充分灌水，放置阴凉处 2 ~ 3 月。成长期每月少量施用复合肥一次，促使叶面颜色鲜艳，若叶片生长过分拥挤，通风不良，需酌情摘除下位叶片，以利生长。

东京白 ▷

● 景观特征

株形美观，叶片观赏价值高，叶片色彩丰富，有紫色、红色、白色、黄色、芽黄色、黄绿色等颜色，很是鲜艳，边叶和心叶色彩及皱褶的变化较大，主要适于群植，大面积栽种，气势不凡，色彩缤纷。

● 园林应用

可做花境的主体观赏材料或镶边植物，观叶期和开花期的景观效果均有特色。也可有规则地在园林、公园等的地面种植成带状、圆形、方形等形状。有的品种也可用以盆栽，装饰家居及办公场合。

羽衣甘蓝花境

羽衣甘蓝花境

开花羽衣甘蓝花境景观

香雪球

别名：庭荠、小白花
科属名：十字花科香雪球属
学名：*Lobularia maritima*

形态特征

多年生草本,高10～40 cm,全株被丁字形毛,毛带银灰色。茎自基部向上分枝,常呈密丛。叶条形或披针形,两端渐窄,全缘。花序伞房状；萼片,外轮的宽于内轮的,外轮的长圆卵形,内轮的窄椭圆形或窄卵状长圆形；花瓣淡紫色或白色,长圆形,长约3 mm,顶端钝圆,基部突然变窄成爪。短角果椭圆形,无毛或在上部有稀疏丁字形毛。花期温室3～4月,露地6～7月。品种有复活节圆帽(cv. Easter Bonnet)、雪晶(cv. Snow Crystals)。

适应地区

我国河北、山西、江苏、浙江、陕西、新疆等省区的公园及花圃有栽培。

生物特性

性强健,喜通风向阳处,稍耐阴。喜冷凉至温暖的环境,耐寒性不强,忌炎热,如长时间暴露在炎热的环境中,对寿命和花期都有一定影响,也可耐海边盐碱空气。喜较干燥的气候,忌水涝。较耐贫瘠,宜疏松土壤。生育适温为10～20 ℃。

香雪球花境景观

繁殖栽培

以播种繁殖为主。早春、秋、冬季均适合进行,但以秋、冬季为佳,种子发芽适温为15～20 ℃,经5～8天能发芽。重瓣与斑叶品种可用扦插繁殖。每月追肥一次,用复合肥或有机肥均佳,花后剪去花枝。

雪晶

香雪球花境景观

● **景观特征**

植株甚低矮，匍匐生长，苞体细密，花色有
白或紫红色，盛花时节，每株开花数百朵密
布于叶梢之上，清丽脱俗，群植或盆栽均可。

● **园林应用**

不仅是一种良好的芳香蜜源植物，也是一种
优良的地被植物，是公园、居家花园的良好
选择。用以布置花境的边缘，做镶边材料，
也可用其布置于岩石园中，起烘托作用。用
于人工造景，规则或不规则排布，组成各色
图案。盆栽点缀室内，也是不错的选择。

香雪球花境景观

香雪球花境景观

卷耳

别名：毛卷耳、绒毛卷耳、夏雪草、寄奴花、白耳草
科属名：石竹科卷耳属
学名：*Cerastium tomentosum*

形态特征

多年生草本植物作一年生栽培，常绿，株高
15～25 cm。叶狭窄，银灰色，被银色毛，长
1～1.5 cm，倒披针形。花单生于枝顶，花多，
直径 1.5～2.5 cm；花瓣分离，5 枚，倒卵形，
顶端 2 裂，白色。花期春末到夏季。

适应地区

我国长江流域及其以北地区冬、春季栽培。

生物特性

生性强健，适应性强，对环境条件要求不严。
喜温暖环境，对寒冷有较强的耐受性，对炎
热也有耐受性。喜湿润，但对干旱有较强的
耐受性。喜阳光充足，稍耐阴。在排水、通
风的环境中生长良好，厌多肥。

繁殖栽培

播种、扦插和分株均是主要繁殖方法。播种
在 9 月中旬至 10 月中旬进行，分株在 10 月
中旬至 11 月中旬进行，扦插在 6 月中旬至 7
月上旬进行。土壤要保持良好的通透性，少
施肥。春季 3～5 日浇水一次，夏季 1～3
日浇水一次。

景观特征

以其灰色、白色的色调作为主要特征，在花
境布置的色彩搭配上有良好的效果。

园林应用

是一种优良的花境植物，可用其作为公园、
游园、庭院花坛或花境的镶边材料，也可与
草坪草混种，形成缀花草坪。又可于岩石园中，

卷耳花枝

卷耳花境景观

与山、水等景观相配而植，相得益彰，或用
于空旷地的大面积地被种植。

卷耳花境景观

卷耳花境景观

穗冠

别名：凤尾鸡冠
科属名：苋科青葙属
学名：*Celosia plumosa*

形态特征

一年生草本，高 30 ~ 60 cm，植株整齐，茎直立。叶片卵形、卵状披针形或披针形，顶端急尖或渐尖。花多数，密生，穗状花序，一个大花序下面有数个较小的分枝，圆锥状矩圆形；花被片干膜质，大红色，常见栽培有紫红、橙红、金黄、乳白品种。胞果卵形，包裹在宿存的花被片内。种子肾形，黑色，有光泽。花期、果期 7 ~ 9 月，果熟期 9 ~ 11月。根据高度可以分为高性品种系列（如 cv. Castle）、矮性品种系列（如 cv. Kimono）。

黄色世纪穗冠

穗冠品种

穗冠品种

赤碧穗冠

适应地区

该种为栽培变种，可适应温暖地区，我国南北各地均有栽培。

生物特性

喜阳光充足，宜生长在温度较高、干燥和炎热的环境，对寒冷的耐受性差，怕霜冻。对干旱的耐受性强，不耐贫瘠，喜肥沃的砂质壤土，能自播繁衍。

繁殖栽培

以播种为主。种子撒播在培养土上，加覆土约 0.3 cm，发芽适温为 20 ~ 25 ℃，约 7 天后发芽，待本叶 5 ~ 6 片时可移植，株距 20 ~ 30 cm。栽培土质以肥沃壤土或砂质壤土为佳，日照需充足，排水需良好。夏季高温中午切忌灌水，种子成熟阶段宜少浇肥水，以利种子成熟，并使较长时间保持花色浓艳。每隔 15 ~ 20 天施肥一次，氮肥不宜过多，以免植株徒长而延迟开花。病害、虫害可分别用普克菌和万灵防治。

粉红城堡穗冠 ▷

- **景观特征**

  株形直立，叶披针形，花序圆锥状，大型，色彩鲜明瑰丽，令人赏心悦目，以群植观赏为主，成片种植形成花海效果，极为美观。

- **园林应用**

  观赏期长，是一种优良的景观植物，可用于公园、庭园的夏、秋季节花坛或花境造景。低矮品种做花境前景或镶边植物，中高型品种做前景和中景植物。

粉红世纪穗冠

粉红城堡穗冠花镜景观

黄色世纪穗冠花境景观

穗冠花境景观

千日红

别名：百日红、火球花
科属名：苋科千日红属
学名：*Gomphrena globosa*

形态特征

一年生直立草本，高 20 ~ 60 cm。茎粗壮，有分枝，枝略成四棱形，有灰色糙毛，幼时更密，节部稍膨大。叶片纸质，长椭圆形或矩圆状倒卵形，两面有小斑点、白色长柔毛及缘毛；叶柄有灰色长柔毛。花成顶生球形或矩圆形头状花序，单一或2 ~ 3个，直径2 ~ 2.5 cm，常紫红色，有时淡紫色或白色；花被片披针形，外面密生白色绵毛，花期后不变硬。胞果近球形。花、果期6 ~ 9月。园艺品种较多，有高性花和矮性花之分，花色多样，有紫红、淡红、白、淡橙等颜色，其中开白花的叫千日白（cv. Alba）。

适应地区

我国南北各地均有栽培。

生物特性

生性极强健，喜阳光充足的地方。喜温暖至高温气候，对炎热气候有较强的耐受性，对寒冷耐受性差，对干旱的耐受能力强，忌涝。对土壤要求不严，但在肥沃、疏松的壤土上生长最佳。

繁殖栽培

多采用播种法繁殖。春播3月底可在温床播种或温室盆播，4月可露地直播，发芽适温为 16 ~ 23 ℃，保持环境湿润，经7 ~ 10天可出苗。苗高15 cm摘心一次，主茎第一朵花摘除，能促进其他分枝均衡生长。每20 ~ 30天施肥一次，施肥可用复合肥或有机肥；病害可用普克菌、亿力等防治，虫害可用速灭松、万灵等防治。

景观特征

株形直立，被灰白色长毛，叶对生，倒卵形，头状花序，由几十朵小花所组成，每朵小花有小苞片2片，膜质呈紫红色，是主要的观赏部位，花期特长，大面积种植，盛开时紫红色花海，给人以艳丽逼人的感觉。

园林应用

生命力强、花期长，是一种不可多得的园艺材料，可以布置于公园、花境中作为主体观赏植物。在花境中常做镶边或前景植物，高性品种也可作中景配置，景观效果良好。

千日红的花

玫红千日红

矮千日白

火焰千日红

* 园林造景功能相近的植物 *

中文名	学名	形态特征	园林应用	适应地区
银花苋	*Gomphrena celosioides*	茎有贴生白色长柔毛。花序银白色，花被片花期后期变硬，花期2 ~ 6月	同千日红	同千日红

千日红花序 ▷

火焰千日红花境景观

千日红花境景观

千日红花境景观

柳穿鱼

别名：小金鱼草
科属名：玄参科柳穿鱼属
学名：*Linaria vulgaris*

形态特征

多年生草本，常作一二年生草花使用，株高
20～80cm。叶通常多数而互生，少下部的轮生，
条形，长2～6cm。总状花序，花冠黄色，卵形，
下唇侧裂片卵圆形，宽3～4mm，中裂片舌状，
距稍弯曲，长10～15mm。花期6～9月。

适应地区

我国东北、华北及山东、河南、陕西等地区广
泛种植。

生物特性

喜温暖、湿润的生长环境，较耐寒。适合较肥
沃、排水良好的砂质土壤。适合生于沙地、草
坡以及路旁绿化带。

繁殖栽培

主要以扦插、播种等方式进行繁殖。喜阳光，
在温度较低的情况下需要给予直射强光。开
花时需要肥水较多，应多次少量施肥。

景观特征

枝条细美优雅，层层向上伸展，花型独特，
开花时如"金鱼"般憨态可爱，花朵有多种
颜色的萼片，花色鲜艳，多彩夺目。

园林应用

一般应用于花坛、花境做镶边和前景植物，
也可用于盆栽。片植于高大灌木下，与其
他植物进行搭配，是园林中广泛使用的草
花植物。

柳穿鱼花序

柳穿鱼花序

柳穿鱼花序

柳

柳穿鱼花序 ▷

柳穿鱼花境景观

柳穿鱼花境景观

毛地黄

别名：自由钟、洋地黄
科属名：玄参科毛地黄属
学名：*Digitalis purpurea*

形态特征

一年生或多年生草本，高60～120 cm。除花冠外，全体被灰白色短柔毛和腺毛，有时茎上几无毛。茎单生或数条成丛。基生叶多数成莲座状，叶柄具狭翅，长可达15 cm；叶片卵形或长椭圆形，长5～15 cm，先端尖或钝，基部渐狭，边缘具带短尖的圆齿，少有锯齿；茎生叶下部的与基生叶同形，向上渐小。萼钟状，长约1 cm，果期略增大；花冠紫红色，内面具斑点，长3～4.5 cm。蒴果卵形。花期5～6月。品种多，有大花种（var. *gloxiniaeflora*），花序较长，花较大，斑点密；顶钟种（var. *campanulata*），花序顶端数小花连生成一钟形大花；白花种（var. *alba*），花白色；重瓣种（var. *monstrosa*），花重瓣；此外还有黄花种、红花种等品种。

适应地区

我国部分省区有引种栽培。

生物特性

喜冷凉的气候，对寒冷的耐受性较强，但对高温环境的耐受性差。喜阳光，也耐半阴。喜湿润的土壤，对干旱条件稍有耐受性；一般园土都可栽培，尤喜富含有机质的肥沃土壤。

毛地黄花境景观

毛地黄花境景观

繁殖栽培

可用播种和分株法繁殖。秋播，可于9月盆播，或露地苗床育苗，如时间过迟则翌年春天不能开花，或仅有少数开花，播种适宜温度为20 ℃，初期生长缓慢。成株基部可长出幼株，可于春、秋季移植。定植后每1～2月施用少量有机肥或复合肥即可。土壤常保持湿润，花谢后应剪除花茎，追施少量肥料，温度低于0 ℃以下需要预防冷害。

* 园林造景功能相近的植物 *

中文名	学名	形态特征	园林应用	适应地区
黄花毛地黄	*Digitalis grandiflora*	高60～90 cm，有毛。叶卵状披针形，叶缘有齿，有叶柄或抱茎。花大，黄色，有棕色斑点	同毛地黄	同毛地黄

● **景观特征**

株形直立高大，花茎挺直，花冠别致，为钟形，下垂状，先端近唇形，内具斑点，形大色艳，花色有黄、白或紫红。盛开的花卉婀娜多姿，令人喜爱，群植或盆栽均可。

● **园林应用**

为夏季优良的花境主体观赏植物，常作中景或后景配置。可布置于公园、游园、庭院中，于园林道路边列植或片植，观赏效果佳。也可做树坛或林间隙地的背景材料。又可单株盆栽，装点客厅、书房、卧室等处，但要慎重，因其株体有小毒，人、畜不可误食。

毛地黄花境景观

毛地黄花序

毛地黄花境景观

虞美人

别名：丽春花、赛牡丹
科属名：罂粟科罂粟属
学名：*Papaver rhoeas*

形态特征

一二年生草本，高 30 ~ 60 cm。全株具糙毛，有乳汁。叶为不整齐的羽状深裂。花单生于枝顶，花梗纤细，花朵由 4 枚花瓣组成，花瓣很大，纤薄如绢，有红色、紫色、白色、黄色、复色等各种颜色；形成一个碗状的花冠，直径有 6 ~ 7 cm，有单瓣、半重瓣及重瓣品种；雄蕊多数；花丝颜色多样；子房扁圆球形，具多条纵棱。花期 4 ~ 5 月。

适应地区

我国长江流域及以北地区广泛栽培。

生物特性

喜温暖、阳光和通风良好的环境。不耐寒，也怕炎热、高温，即使在北方寒地酷暑也多死亡，为了早开花和延长生长期，应袋苗移栽，在保护地育苗。由于根系深长，要求深厚、肥沃、排水良好的砂质壤土。

繁殖栽培

一般用直播法。种子细小，拌土后撒播，播后不必覆土。发芽适温约 20 ℃，春、秋季播种均可。华北地区于 10 月下旬至 11 月初播种，入冬前要注意保温，翌年 5 ~ 6 月开花。3 月下旬至 4 月直播于花坛或畦地，6 ~ 7 月也可开花。长出 5 ~ 6 片真叶时间苗，株距、行距均约为 20 cm。植株再生力弱，移栽后常常枯瘦难开花，最好带土团或袋苗定植。生长期间每月施肥一次，注意不要过量用肥，否则易发生病虫害。4 月下旬施一次氮肥，5 月上旬施一次磷、钾肥，促使发枝开花。每 2 ~ 3 天浇一次水即可。易发生叶斑病和霜霉病，发病初期喷 50% 代森锰锌 600 倍液或 50% 代森铵 1 000 倍液。虫害为大地老虎，可用 75% 辛硫磷 1 000 倍液喷杀幼虫，用黑光灯、糖醋液诱杀成虫。

虞美人花色　　虞美人花色　　冰岛罂粟花色
冰岛罂粟花色　　冰岛罂粟花色　　冰岛罂粟花色

虞美人花朵 ▷

冰岛罂粟花境景观

景观特征

植株高度适中，株丛密集，花朵大又美，亭亭玉立，在暖风中摇曳多姿，观赏效果良好。群体效果良好。

园林应用

可做春季花境材料，用于前景布置，装饰公园、绿地、庭院等场所，也可盆栽或做切花。

虞美人花境景观

虞美人花境景观

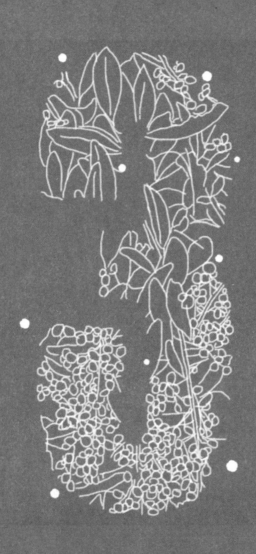

第三章

球宿根花境植物

造景功能

宿根花卉是花境造景应用较传统的植物材料，管理粗放，养护成本较低。球根花卉种类繁多，限于休眠和春化作用要求，适于早春到初夏开花观赏。

墨西哥针茅

别名：细茎针茅、细叶针茅
科属名：禾本科针茅属
学名：*Stipa tenuissima*

形态特征

多年生草本，植株密集丛生，茎直立细柔，高30～50cm。叶片细，基生叶为秆高1/2～2/3。圆锥花序狭窄，基部常被顶生叶鞘所包，长10～15mm。花、果期5～7月。

适应地区

生长在美洲大陆开阔的岩石坡地、干旱的草地或疏林内，常生于海拔800～1300m的石质低山或山麓地带。

生物特性

喜阳光充足、温暖湿润、通风良好的生长环境。耐寒，耐半阴，喜阴凉，忌炎热干燥。耐旱，适合较肥沃、排水良好的砂质土壤。

繁殖栽培

一般以播种、扦插等方法进行繁殖。栽培管理简单，保持适宜的湿度，多雨期注意排水。对土壤要求不高，不需要多施肥。喜欢冷凉气候，夏季高温时休眠。

景观特征

叶片细长如丝状，柔软下垂，叶片上部呈黄绿色或银白色，在通风向阳处片植能够营造风吹麦浪柔美摇曳的景观效果。

园林应用

植株极具野生韵味，一般应用于花境、花坛镶边等景观，可以单独组团成景、成片种植或与其他草花搭配混植。

墨西哥针茅花境景观

墨西哥针茅花境景观

墨西哥针茅花境景观

墨西哥针茅花境景观

墨西哥针茅 ▷

墨西哥针茅花境景观

墨西哥针茅花境景观

翠芦莉

别名：兰花草、蓝花草
科属名：爵床科
学名：*Ruellia brittoniana*

翠芦莉的花 ▷

形态特征

宿根性草本，有高性和矮性两种类型，株高20～60cm。茎略呈方形，红褐色。叶对生，线状披针形，叶边缘有疏浅锯齿，叶柄极短。花腋生，喇叭形，花冠蓝紫色。花期自春季开始直至秋季不断，花期极长，花谢花开，日日可见花。

适应地区

我国华南各地可以栽培应用。

生物特性

喜光照充足的生长环境，也略耐半阴。喜高温，生育适温为22～30℃。生性强健，不拘土质，但以肥沃壤土栽培最佳。

繁殖栽培

可用扦插或分株繁殖。扦插在春进行，将剪取的枝条直接插植在育苗袋中，遮阴保湿，1个月便出根。分株在生长季节初期进行。

景观特征

植株叶色墨绿，花喇叭形，蓝紫色，花姿幽美，是很好的景观植物。

翠芦莉花色

翠芦莉花境景观

园林应用

以自然株型在花境中做背景植物、中景植物。在园林中适宜丛植观赏，适宜列植作植篱，同时也是盆栽的好材料。

翠芦莉花境景观

翠芦莉花境景观

五星花

别名：繁星花、埃及众星花
科属名：茜草科五星花属
学名：*Pentas lanceolata*

五星花品种 ▷

形态特征

直立或外倾的亚灌木，高 30～70 cm，被毛。叶对生，叶间托叶卵形、椭圆形或披针状长圆形，顶端短尖，基部渐狭成短柄。聚伞花序密集，顶生；花无梗，花柱异长；花冠淡紫色，高脚碟状，喉部被密毛。花期夏、秋季。品种繁多，如樱桃蝴蝶（cv. Butterful Cherry Rose）、绯红五星花（var. *coccinea*）、杂交五星花（cv. Ceylon Hybrida）、条纹五星花（cv. Candy Stripe）、白五星花（cv. Albus）。

适应地区

我国南部地区有栽培。

生物特性

生性强健，喜微湿润的环境，但耐干旱。喜冷凉，在凉爽的环境中生长良好，但又耐高温。喜阳光，每天如有 4 个小时以上的阳光直射则生长旺盛，对荫蔽环境也有一定的耐受性。生育适温为 20～25 ℃。

繁殖栽培

主要用扦插法繁殖，但以春、秋季为佳。选取未曾开花的枝条，长 6～8 cm，除去下部叶片，插于粗砂中，经 3～4 周可生根。定植成活后

樱桃蝴蝶

五星花花镜

摘心一次，以促使多分侧枝，能多开花，每月少量施用一次复合肥，秋季开花过后将有短期（1 个月左右）的休眠，此时宜控制水分，以盆土微湿为好，冬季需温暖越冬，植株生长 2 年以后，可施强剪，以利发芽抽枝。

景观特征

株形美观，花团锦簇，花色淡紫色，绚丽美艳，团团花球点缀于绿叶之间，相互映衬，且又相得益彰。群植或盆栽观赏价值均高。

园林应用

为热带地区园林常用植物之一，可用于公园、办公楼等地的花坛、花境内做主体观赏或镶边材料。又可点缀于景物周围，其花期长达数月。

五星花花枝

金叶苔草

科属名：莎草科苔属
学名：*Carex* cv. Evergold

形态特征

多年生常绿草本，株高 15 ～ 20cm。叶形细条状，叶子两边为绿色，中间有黄色纵纹。穗状花序，花小，多花。花期为 4 ～ 5 月。

适应地区

我国南方广泛种植，在黄河以南地区也可露地越冬栽培。

生物特性

性喜温暖、向阳的环境，耐半阴，忌积水，耐寒。适应性强，对土壤要求不高，耐贫瘠。

繁殖栽培

采用分株繁殖。栽培地需要阳光充足、温暖的环境。要求疏松、肥沃、排水良好的土壤，低洼淤积处不建议种植。

景观特征

叶色靓丽细长，株型紧凑潇洒，在景观中能够达到不露土壤的种植效果，是具有独特观赏特点的彩色观赏草。

园林应用

园林中一般应用于花坛、花境或盆栽观赏。在花坛、花境中可以做镶边植物，可以在草丛成片种植，也可以在岩石景观中衬托岩石进行配置。

金叶苔草花镜景观

金叶苔草叶片 ▷

棕色苔草花镜景观

棕色苔草花镜景观

棕色苔草花镜景观

火炬花

别名：红火棒、火把莲
科属名：百合科火把莲属
学名：*Kniphofia uvaria*

形态特征

多年生草本，根肉质。茎着生于地下短缩，因而整棵植株的地下部分形成一个较庞大的根茎群。叶丛生、草质、剑形，宽2~2.5cm，长60~90cm；叶片的基部常内折，抱合成假茎，假茎横断面呈菱形。花茎通常高100~140cm，矮生品种在40~60cm，为密穗状总状花序；花序长20~30cm，由百余朵小花组成。

适应地区

我国广泛种植。

生物特性

生长在海拔1800~3000m高山及沿海岸浸润线的岩石泥炭层上。生长强健，耐寒，不耐涝。有的品种能耐短期－20℃低温，华北地区冬季地上部分枯萎、地下部分可以露地越冬。

繁殖栽培

一般用播种、分株等方法进行繁殖。播种在春、夏、秋季均可，也可以随采随播。需要深厚、肥沃及排水较好的沙质土壤。

景观特征

株型伸展，叶片宽大细长，花序着生于中间，花型独特，花色红艳如火炬，种植在景观中能够脱颖而出，给人热情向上的感受。

园林应用

景观效果独特，在园林中常用于公共绿地花坛、花境、道路旁栽植。在景观绿地中可成片种植，或者在庭院、花境中作为背景栽植或点缀丛植。

火炬花花境

火炬花花境

火炬花花境

火炬花花序

火炬花花境

百合

科属名：百合科百合属
学名：*Lilium* spp.

百合花序

形态特征

多年生无皮鳞茎类花卉，株高 0.7 ~ 2m。叶
散生，披针形、窄披针形至条形，长 7 ~ 15cm，
先端渐尖，基部渐狭，具 5 ~ 7 脉，全缘，
两面无毛。花单生或几朵排成近伞形；花喇
叭形，有香气，向外张开或先端外弯而不卷；
外轮花被片先端尖。花期 5 ~ 6 月。国内常
见的品种为东方型、OT 型，少量种植麝香型
和亚洲型品种。

适应地区

全国各地广泛栽培。

百合花境景观

百合花境景观

生物特性

耐寒性强，耐热性差，喜凉爽、湿润气候，
适温为 15 ~ 25℃，pH 值为 5.5 ~ 6.5。夏季
生产时需遮光 50% ~ 60%，冬季在温室中栽
培对光照敏感度较低，为长日照植物。自然
花期在夏季，从定植到开花一般需 16 周，个
别品种生长期长达 20 周。

繁殖栽培

有鳞片扦插、分球、珠芽等方法。

景观特征

叶片青翠娟秀，茎干亭亭玉立，花朵硕大，
花瓣质感好，姿态优雅，芳香浓郁，是庭园、
盆栽和切花的重要名贵花卉。

园林应用

在花境中常做中景和前景植物，也是点缀庭
园与切花的名贵花卉。适合布置专类园，可
于稀疏林、空地片植或丛植，也可用于花坛
中心或做背景材料。

百合花序 ▷

百合花境景观

百合花境景观

沿阶草

别名：绣墩草
科属名：沿阶草属
学名：*Ophiopogon bodinieri*

形态特征

多年生草本植物。叶基生成丛，禾叶状，长
20 ~ 40cm，宽2 ~ 4mm，先端渐尖，具3 ~ 5
条脉。花葶较叶稍短或几等长，总状花序长
1 ~ 7cm，具几朵至十几朵花；花常单生或2
朵簇生于苞片腋内；花被片卵状披针形、披针
形或近矩圆形，内轮三片宽于外轮三片，白色
或稍带紫色。花期6 ~ 8月，果期8 ~ 10月。

适应地区

分布于我国的华东地区以及云南、贵州、四川、
湖北、河南、陕西（秦岭以南）、甘肃（南部）、
西藏和台湾。

生物特性

既能在强光照射下生长，又能忍受荫蔽环境。
耐热性和耐寒性均很强，能耐受 - 20℃的
低温而安全越冬，且寒冬季节叶色始终保持
常绿。

繁殖栽培

播种和分株繁殖均可。分株多在春季进行。
无论盆栽或地栽均较简单，无需精细管理，
但要求通风良好的半阴环境，且经常保持
土壤湿润。

景观特征

长势强健，耐阴性强，植株低矮，根系发达，
覆盖效果较快，是一种良好的地被植物。

园林应用

可成片栽植于风景区的阴湿空地和水边湖畔。
其叶色终年常绿，花葶直挺，花色淡雅，能
作盆栽观叶植物欣赏。花境中常做镶边植物。

银边沿阶草花境景观

银边沿阶草花境景观

银边沿阶草花境景观

银边沿阶草花境景观

银边沿阶草花境景观

紫娇花

别名：野蒜、非洲小百合
科属名：石蒜科
学名：*Tulbaghia violacea*

紫娇花花序 ▷

形态特征

鳞茎肥厚，呈球形，直径达 2cm。叶基生成丛，长约 30cm，宽约 5mm。花茎直立，高 30 ~ 60cm，顶生聚伞花序，开紫粉色小花，花被片粉红色。花期 5 ~ 8 月。具有不同花色和叶色的品种。

适应地区

我国江苏等地有大面积引种。

生物特性

喜光，栽培处全日照、半日照均理想，但不宜庇荫。喜高温，耐热，生育适温 24 ~ 30℃。对土壤要求不严，耐贫瘠，但以肥沃而排水良好的沙壤土或壤土上开花旺盛。

繁殖栽培

播种属有性繁殖，主要在育种上应用，也可分株繁殖。秋季采收种子，贮藏到翌年春天播种，播后 20 ~ 30 天发芽，幼苗期要适当遮阳。入秋时，地下部分已形成小鳞茎，即可挖出分栽。

紫娇花株丛

紫娇花画境景观

紫娇花花境景观

景观特征

叶丛翠绿，花朵俏丽，花瓣肉质，花期长，是夏季难得的造景花卉。

园林应用

适宜做花境镶边或前景植物，或用于地被植于林缘或草坪中。

郁金香

别名：洋荷花、草麝香
科属名：百合科郁金香属
学名：*Tulipa gesneriana*

红毛边郁金香 ▷

形态特征

多年生草本。鳞茎扁圆锥形，皮膜纸质，淡黄色至棕褐色，内面顶端和基部有少数伏毛。茎叶光滑，被白粉。叶3～5片，条状披针形至卵状披针形。花单朵顶生，大型而艳丽，直立杯形；花被片红色或杂有白色和黄色，有时为白色或黄色，长5～7 cm，宽2～4 cm；6枚雄蕊等长，花丝无毛；无花柱，柱头增大呈鸡冠状。花期春季。品种有彩旗郁金香(cv. Bolden Nizza)、黄绿春天(cv.Yellow Springgreen)、银边郁金香(cv. Ginrei)、红毛边郁金香(cv. Mantel's Dream)、紫色郁金香(cv. Havran)、黄边郁金香(cv. Garant)、白尖郁金香(cv. Yonina)。

黄绿春天

黄边郁金香

紫色郁金香

彩旗郁金香

银边郁金香

郁金香品种

白尖郁金香

郁金香品种

郁金香品种

适应地区

我国各地广泛栽培。

生物特性

喜冬季温暖、湿润，夏季凉爽、稍干燥，向阳或半阴的环境。宜富含腐殖质、排水良好的砂质壤土，忌低温、黏重的土壤。耐寒性强，冬季球根可耐-35℃的低温，但生根需在5℃以上。生长期适温为5～20℃。

繁殖栽培

通常用分球法繁殖。9月下旬至10月中、下旬均可。需要大量繁殖与育种时也可用播种繁殖，但实生苗多变异，9～10月露地直播，越冬后萌芽出土，5年后始能开花。国内的郁金香花坛建造均采用处理好的种球直接定植或带蕾苗布置，管理也较简单。种球花后一般丢弃，翌年购新球种植。

景观特征

可大面积推广种植。其花色艳丽，花姿飒爽，令人陶醉；如果是含苞欲放，则艳丽而羞涩，瓶插则亭亭玉立，被称做"花中皇后"，如不同颜色的郁金香搭配栽培各自成带而镶合在一起形成彩色图案，景观效果更好。

园林应用

花色艳丽多彩，开花整齐，是园林中重要的球根花卉。宜做花坛、花境，可成片用于草坪、树林、水边，形成整体色块景观，是春季布置花坛的极好品种。生长较高的品种是非常重要的切花材料，也可盆栽。

郁金香花境景观

郁金香花境景观

郁金香花境景观

藿香

别名：排香草、土藿香
科属名：唇形科藿香属
学名：*Agastache rugosa*

形态特征

多年生草本，植株高 0.5 ~ 1.5m。茎四棱形。叶对生，心状卵形至长圆状披针形，长 4.5 ~ 11cm，宽 3 ~ 6.5cm。轮伞花序多花，在主茎或侧枝上组成顶生密集的圆筒形穗状花序。花期 8 ~ 9 月，果期 10 ~ 11 月。

适应地区

我国各地广泛栽培。

生物特性

喜阳、喜温暖、喜湿润，于荫蔽处生长欠佳，耐寒。怕积水。对土壤要求不严，一般土壤均可生长，但以土层深厚、肥沃且疏松的砂质壤土或壤土为佳。

藿香株丛

藿香花境

藿香花序

繁殖栽培

一般采用播种、分株繁殖。种子繁殖，可春播，也可秋播。长势强健，易于管理，多作地栽。

景观特征

株型、叶形较为普通，花序为轮伞花序，多花，浅紫色或紫色，整株能散发芳香，能够与其他芳香味植物进行搭配。

园林应用

可以在花境成片栽植做背景植物。藿香具有芳香气味，并且具有药用价值，可以运用到盲人公园提高盲人对植物的认识，芳香园、药材园等公共绿地也可应用。

藿香花序 ▷

藿香花境

蓝密花藿香花境

蓝密花藿香花境

银斑叶野芝麻

科属名：唇形科
学名：*Lamium galeobdolon* ssp. *montanum* cv. Florentinum

银霜野芝麻花序 △

形态特征

多年生蔓性草本。叶卵圆形或肾形，边缘具深圆锯齿或牙齿状锯齿。轮伞花序含花 10 余朵；花冠黄色，较花萼长。花期 10 月至翌年 1 月。具有不同叶色的花叶品种。

适应地区

我国东北、华北、华东、华中各地有栽培。

生物特性

喜充足的散射光，较耐热、耐寒、耐旱，生长适温 16 ~ 25℃。不择土壤，以肥沃、排水良好的壤土为佳。喜稍阴环境，生于阴湿的路旁、山脚或林下。

繁殖栽培

一般采用扦插繁殖，茎插繁殖极易生根。

景观特征

蔓延性强，覆盖性好，适宜大面积地被栽植。花叶野芝麻入侵性强，要严格采取栽培措施，防止其杂草化后产生生态危害。

园林应用

在花境中做镶边或前景植物，在园林中常做阴生地被。

银斑叶野芝麻

银斑叶野芝麻

银斑叶野芝麻花境景观

银斑叶野芝麻

银斑叶野芝麻花境景观

荆芥

别名：香荆荠、线荠、四棱杆蒿、假苏
科属名：唇形科荆芥属
学名：*Nepeta cataria*

六巨山荆芥 ▷

形态特征

多年生植物，株高 40 ~ 150cm，茎基部近四棱形，上部钝四棱形。叶卵状至三角状心脏形，长 2.5 ~ 7cm，宽 2.1 ~ 4.7cm，草质，上面黄绿色，下面略发白。花序为聚伞状，下部的腋生，上部的组成连续或间断的、较疏松或极密集的顶生分枝圆锥花序，聚伞花序呈二歧状分枝。花期 7 ~ 9 月，果期 9 ~ 10 月。

适应地区

原产于我国新疆、甘肃、陕西等地区。

生物特性

喜阳，喜温暖、湿润的环境，耐高温，耐寒，适应性强。对土壤要求不高，忌涝，以疏松、肥沃、排水较好的土壤较好。

繁殖栽培

一般采用播种繁殖。4 月份播种为佳。种子易萌发，发芽率高，对温度要求不严格。成苗期喜干燥环境，多水影响发芽率，注意土壤干、湿度适中。

荆芥花境景观

荆芥花境景观

荆芥花境景观

景观特征

叶黄绿色，茎方形浅紫色，花穗黑紫色或黄绿色，具有清香气味，多生于宅旁或灌木中，具较好的景观效果。

园林应用

叶色翠绿，花序紫色，在花境中常作前景或中景植物配置。庭院丛植在墙垣下能够增添野趣，同时给庭院带来舒适的芳香。在公共绿地中，可以配置在灌木下做低层植物，也可以作为芳香植物种植，在盲人公园可给盲人带来嗅觉与触觉上的感受。

彩叶草

别名：洋紫苏、锦紫苏、五色草、变叶草、老来变
科属名：唇形科鞘蕊花属
学名：*Coleus hybridus*

形态特征

多年生草本花卉，高30～50 cm。直立，分枝少。叶对生，菱状卵形，质薄，长10～15 cm，宽6～10 cm，渐尖或尾尖，边缘有深粗齿，叶面绿色，有黄、红、紫等色彩鲜艳的斑纹。总状花序顶生，长10～15 cm；花小，轮生，无梗；唇形花冠，淡蓝色到白色。品种有金色奇才（cv. Wizard Golden）、复色（cv. Giant Multicolor）、晚霞（cv. Wizard Sunset）。

适应地区

现广泛应用于热带、亚热带地区。

生物特性

喜温暖，不耐阴，需阳光充足的全日照环境，长久日照不足会造成叶色淡化、不美观。

繁殖栽培

繁殖可用播种法和扦插法。播种适温为18～25℃，1～2周可出苗。扦插分地插和水插两种，水插插穗选取生长充实的枝条中上部2～3节，去掉下部叶片，置于水中，待有白色根长至5～10 mm时即可栽入盆中。春、秋季需要5～7天，夏季一般2～3天即可生根。日常管理比较简单，只需注意及时摘心，促发新枝，形成丰满的球形，养成株丛，可快速覆盖地面。花序生成即应除去，以免影响叶片观赏效果。为保叶片常鲜艳美丽，每月宜施加磷钾肥。

景观特征

种类繁多，是极佳的观叶植物。视觉效果华丽美观，小规模的丛植、大规模的成片种植都具有良好的景观效果。

园林应用

优良的花境和地被植物，可在开阔的阳地和半阴环境种植。盆栽可于家庭观赏和园林造景，也可应用于夏秋季节的花境，色彩鲜艳，非常美丽。同时还可做切花。

彩叶草品种

复色

晚霞

彩叶草品种

彩叶草花境景观

彩叶草花境景观

分药花

科属名：唇形科分药花属
学名：*Perovskia atriplicifolia*

形态特征

多年生植物，株高1m。叶对生，卵状长圆形，2回羽状分裂，裂片长圆形或长圆状线形，先端钝，具多数金黄色腺点。花多数，近无梗，2~6朵组成轮伞花序，由多数轮伞花序组成长27~40cm疏松长圆锥状花序。花期6~7月。主要品种有俄罗斯分药花、滨藜叶分药花。

适应地区

我国长江流域及以北地区栽培应用。

生物特性

为全日照植物。耐干旱，耐严寒。对土壤要求不严，喜欢碱性土壤。

繁殖栽培

可用分株、播种等法繁殖。分株在9~10月进行。播种用于育种，即采即播。

分药花株形

景观特征

花型细小，花穗修长，随风起舞时别有一番风姿绰约的雅致意味，是替代薰衣草的最好品种。

园林应用

植株高大，色彩鲜明，在花境中常做中景或后景植物。也可用于布置芳香园。

分药花花境景观

分药花花境景观

分药花花序 ▷

分药花花境景观

分药花花境景观

芒

科属名：禾本科芒属
学名：*Miscanthus sinensis*

形态特征

多年生草本，株高 2 ~ 4m。叶直立，叶片长
25 ~ 60cm, 宽 15 ~ 30mm, 顶端呈弓形。顶
生圆锥花序，分枝强壮而直立，其主轴长为
花序的 1/2 以下；花色由最初的粉红色渐变为
红色，秋季转化为银白色。花、果期为 7 ~ 11
月。品种较多，品种间叶色、叶形和花叶均
有不同。

芒花境景观

适应地区

原种产于我国华北、华中、华南、华东及东
北地区，中国长江以南丘陵地普遍生长。

生物特性

喜阴、耐寒（-30℃）、耐旱，也耐涝，对
气候的适宜性强。不择土壤，耐瘠薄，喜酸
性土壤，易再生，耐割刈或践踏。

景观特征

芒株型挺拔直立，枝条细长，花序随风飘絮，
动感十足，在秋季为园中增色。造景中常做
观赏草，被广泛使用。

繁殖栽培

常采用播种或分株繁殖，易成活。芒的分蘖
力很强，栽培容易。种植方法可视土壤条件
而定。

园林应用

观赏禾草，为新颖的园林配置植物，在花境中
常以背景配置，种植于水边、石边。秋季开花，
可以营造出秋季的野趣。可做切花，其花序
是最好的干制插花。

芒花境景观

芒花境景观

芒枝叶 ▷

芒花境景观

芒花境景观

紫狼尾草

科属名：禾本科狼尾草属
学名：*Pennisetum purpureum*

形态特征

多年生草本植物，丛生，高1.5~2m，冠幅1~1.5m，质地粗糙。茎紫色。叶长50~80cm，宽2~3cm，叶紫黑色，幼叶颜色更深，成熟叶变淡。主要品种有公主（cv. Princess），叶片紫红色。

适应地区

热带、亚热带地区均可栽培，热带地区冬季可不枯。

生物特性

喜光，也耐阴，喜温暖湿润的气候。较耐旱，不耐寒，生长适温为18~30℃，越冬温度不低于3℃。对土壤要求不严，在疏松、肥沃、富含腐殖质的土壤中生长最好，管理粗放。

繁殖栽培

管理较为粗放。入冬后可修建去除地上部分，利于开春重新萌发。

紫狼尾草株形

紫狼尾草花境景观

紫狼尾草花境景观

景观特征

株型高大直立，花序突出叶片以上，如喷泉状，具有极佳的观赏价值。

园林应用

适宜于花境、绿篱、庭院布置，可单丛配置，也可列植、片植。在花境中常做背景或后景植物。

紫狼尾草花境景观

紫狼尾草花境景观

美花落新妇

别名：红升麻、虎麻、升麻
科属名：虎耳草科落新妇属
学名：*Astilbe hybrida*

形态特征

多年生宿根草本，高 30 ~ 50cm。茎直立，散生，多被褐色长毛。叶羽状，基部叶为 2 ~ 3 回三出复叶。圆锥花序顶生，长达 30cm，花轴密生褐色卷曲柔毛；小花密集，淡红紫色。花、果期 6 ~ 9 月。根据花色，现已培育出许多杂交种，有红色、粉红色、白色等。

适应地区

我国广泛栽培。

生物特性

适应性强，喜温暖、半阴，在湿润环境下生长良好，耐寒。对土壤适应性较强，喜微酸性、中性、排水良好的砂质土壤，也耐轻碱性土壤。华南地区越夏困难。

繁殖栽培

用分株法繁殖，春、秋两季均能育苗，以秋季为佳。播种繁殖也是常用的繁殖方法。以肥沃、富含腐殖质的壤土为佳，排水需良好。

景观特征

叶色翠绿，叶形雅致，花小而繁密，花色红而淡雅，花序挺立于绿叶之上，高洁而不傲、淡雅而不娇，层次分明，个性突出，是优良的园林宿根花卉。

园林应用

适应性强，栽培容易，品种多，花色艳，适宜种植在疏林下及林缘墙桓半阴处，可植于溪边和湖畔，点缀于石隙流水之间，亦可作花坛和花境，矮生类型可做切花或盆栽。花境中常做中景或前景植物。

美花落新妇株形、花序

美花落新妇株形、花序

美花落新妇株形、花序

美花落新妇花境景观

美花落新妇花境景观

矾根

别名：珊瑚铃
科属名：虎耳草科矾根属
学名：*Heuchera micrantha*

形态特征

多年生耐寒草本花卉，浅根性，在温暖地区常绿，株高10～20cm，株型半圆，常覆盖地面。叶基生，单叶，阔心型，长20～25cm，叶脉掌状；叶片有的掌状，颜色丰富，因不同品种色彩不同，有深紫色、白色、红色等。总状花序，纤细，挺出叶丛；花小，钟状，红色。花期4～10月。杂交品种较多，国内常见有瀑布矾根（*Heuchera sanguinea* cv.Sioux Falls）、梦幻色彩矾根（*Heuchera hybrid* cv.Magic Color）、海王星矾根（*Heuchera hybrid* cv. Neptune）、旋转幻想矾根（*Heuchera hybrid* cv. Swirling Fantasy）。

适应地区

在中国北方及冷凉地区应用较多，南方冬、春季节性应用。

生物习性

性耐寒，喜阳，耐阴。在肥沃、排水良好、富含腐殖质的土壤上生长良好。幼苗长势较慢，成苗后生长旺盛，是少有的彩叶阴生地被植物，能耐-34℃低温。

繁殖栽培

常用扦插法繁殖，也可分株繁殖。在爆盆之后，春季和秋季可以进行分株繁殖。将植株挖出，轻轻分成几丛，注意在分株的时候不要伤到根系。将分出的小株整理好，分别上盆进行栽种即可。

景观特征

叶片背面的色彩相当艳丽，不同的季节、环境和温度下叶片的颜色还会呈现丰富的变化。

冰裂

银王子

午夜玫瑰

米兰

金色瀑布

梅子布丁

● **园林用途**

园林中多用于林下花境，用来做镶边材料或前景植物，是理想的宿根花境材料。

也常用于地被、庭院绿化等。

矾根花境景观

矾根花境景观

马利筋

别名：莲生桂子花、金盏银台
科属名：萝摩科马利筋属
学名：*Asclepias curassavica*

形态特征

多年生直立草本，灌木状，高达 80cm，全株有白色乳汁。叶披针形至椭圆状披针形，长 6～14cm，宽 1～4cm。聚伞花序顶生或腋生，着生花 10～20 朵；花萼裂片披针形，花冠紫红色，裂片长圆形。花期几乎全年，果期 8～12 月。品种较少，常见的栽培变种为黄冠马利筋（*Asclepias curassavica* Linn. cv. Flaviflora），花冠的颜色为黄色。

适应地区

现广植于世界各地及亚热带地区，我国华南、华中、西南地区均有栽培，也有逸为野生和驯化。

马利筋的花

马利筋的花

马利筋花境景观

生物特性

此植物夏秋间开花，喜温暖向阳，生育适温为 22 ~ 30℃。好多肥及避风干燥的环境。土壤不择，但以肥沃的砂质土壤或壤土为佳。

繁殖栽培

用播种法繁殖。春至秋季均能播种，种子发芽适温为 22 ~ 27℃。栽培时追肥用有机肥料，每 1 ~ 2 月施肥一次。每次花期过后应修剪整枝一次，老化的植株每年早春应强剪一次，促其枝条新生。

马利筋花境景观

随风飘散，很是轻逸。

景观特征

花冠朱红色，副花冠金黄色，盛开时轻盈明媚，多彩多姿。群体种植更是满眼花色，气势非凡。种子具绒毛，好像一顶顶降落伞，清风扬起，

园林应用

花色鲜艳，花期长久，是花境中良好的中景和背景植物。也可做岩石、庭院的点缀植物，又可大面积栽培于水边、公园内。

马利筋花境景观

蓬蒿菊

别名：延命菊、木春菊、情人菊
科属名：菊科木茼蒿属
学名：*Argyranthemum frutescens*（*Chrysanthemum frutescens*）

形态特征

多年生常绿草本或亚灌木，高 20 ~ 100 cm。多分枝。叶宽卵形，长 3 ~ 6 cm，宽 2 ~ 4 cm，2 回羽状分裂，两面无毛；叶柄长 1.5 ~ 4 cm，有狭翼。头状花序多数，在枝端排成不规则的伞房花序，有长花梗；总苞宽 10 ~ 15 mm，全部苞片边缘白色宽膜质；舌状花舌片长 8 ~ 15 mm，白色；舌状花瘦果有 3 条具白色膜脂宽翅形的肋。两性花瘦果有 1 ~ 2 条具狭翅的肋，并有 4 ~ 6 条细肋。在昆明地区能常年开花，尤以 12 月至翌年 4 月为盛花期。品种有金星（cv. Chrysastar），舌状花黄色。

适应地区

原产于南欧，各地园林均有栽培。

生物特性

喜温暖、湿润气候，夏季不耐炎热，忌水淹。较耐寒，不甚耐旱，生育适温为 20 ~ 28 ℃。喜肥，要求疏松、肥沃、排水良好的壤土。

金星

蓬蒿菊

蓬蒿菊

蓬蒿菊花境景观

蓬蒿菊花境景观

繁殖栽培

主要用扦插法，春、秋季为适期。于阴天或
下雨天剪当年生、较健壮枝条，剪除下部叶
片，插于栽培介质即可，成苗容易。生性强健，
管理粗放。栽培土质以富含腐殖质的砂质壤
土为佳，光照、排水需良好，荫蔽地易徒长，
开花不良，每1～2个月施用一次有机肥或
复合肥。早春作修剪整枝，成苗初期，注意
间除杂草，并追肥，植株老化需更新栽培。
病虫害少，无需特别护理。

景观特征

清新明媚，生性强健，叶姿挺拔，叶色黄中
透绿，显示出强大的生命力。花朵挺立于绿
叶之上，强迎日晒雨淋而不折腰。

园林应用

生长健壮，花期颇长，花姿、花色引人注目，
而且栽培管理容易。适宜布置花境作前景或
中景配置，用于盆栽观赏，效果也很好。

金星蓬蒿菊花境景观

金星花境景观

蓬蒿菊花境景观

南非万寿菊

别名：蓝心菊，异果菊
科属名：菊科异果菊属
学名：*Osteospermum ecklonis*

形态特征

多年生草本，株高 20 ~ 40cm。叶密集丛生状，阔披针形，互生，长 3 ~ 4cm，宽 1 ~ 2cm。花葶自叶腋抽出，高于株丛，头状花序单生花葶顶端，密集，紫、粉、白等色，直径 4 ~ 5cm；边花为舌状花，单轮，舌状花倒披针形；心花为管状花，颜色较深。自然花期 3 ~ 6 月，栽培控花花期可于 1 ~ 6 月开花。

适应地区

原产南非，我国各地近年引进栽培。

生物特性

性喜温暖至高温气候，但对寒冷也有一定的

南非万寿菊花色

南非万寿菊花色

南非万寿菊花境景观

花序 ▷

南非万寿菊花境景观

南非万寿菊花境景观

抗性。喜光照充足，对荫蔽条件耐受性不强。耐干旱，不耐湿涝，生长适温为 15 ～ 35℃。

● **栽培繁殖**

采用播种、分株和扦插法繁殖。春、夏季为播种适期，发芽适温为 15 ～ 35℃，约经 5 天可发芽。分株在 6 ～ 7 月进行，扦插在 6 ～ 7 月、9 ～ 10 月均可进行。

● **景观特征**

植株低矮，花葶突出，花色紫红，花朵繁盛，成片种植、丛植点缀效果均好。由于植株紧密，扩展性差，在花坛、花境造景时应注意种植密度，若太稀疏使土面暴露，影响景观效果。

● **园林应用**

可用于花坛、花境的前景或镶边材料，又可于林间空地、林缘丛植，亦可盆栽放于家居增添自然气息，或于节庆日多盆组合造景，放于广场增添喜庆气氛。

南非万寿菊花境景观

蕨叶蒿

别名：银叶草、朝雾草
科属名：菊科艾属
学名：*Artemisia schmidtiana*

形态特征

多年生草本植物。茎常分枝，横向伸展；茎叶纤细、柔软，植株通体呈银白色绢毛。叶多次分裂，裂片细长。白色小花。花期7～8月。

适应地区

原产于尼泊尔、中国西藏等地区。

生物特性

喜阳光充足、温暖湿润、排水良好的生长环境，耐半阴、耐寒。对土壤要求不高。

繁殖栽培

一般以播种、分株等方法进行繁殖。栽培期间浇水保持适宜湿度，见干见湿，平时施薄肥。抗性强，少病虫害。

蕨叶蒿株形

景观特征

全株银白色，叶片细长分裂如羽毛状，姿态柔美，惹人怜爱，植株有毛茸茸的景观效果。

园林应用

株型、叶形、叶色、花色均景观独特，一般应用于花境、花坛配置，在花境中做中景和背景植物。可以丛植于花境中衬托花卉草本植物，也可点缀在岩石、砂石旁增加野趣。

蕨叶蒿花境景观

蕨叶蒿花境景观

蕨叶蒿花境景观

菊花

别名：秋菊、鞠、寿容、黄花、帝女花
科属名：菊科菊属
学名：*Dendranthema morifolium*

形态特征

多年生草本，高60～160 cm。茎直立或开展，小枝被灰柔毛或茸毛。叶片卵形、卵圆形或宽披针形，下面有白色茸毛。秋、冬季开花，头状花序大小不等，花单生或数朵聚生茎顶；花色丰富。花期一般在10月，也有夏、冬季开花品种。品种繁多，主要以花色、花径、花瓣、花型分类。

生物特性

喜阳光充足和温暖的环境，也耐半阴。耐寒性较强，目前已培育出能耐-30 ℃低温的小菊品种，最适生育温度为15～20 ℃。较耐旱，忌水涝。喜肥沃、疏松而排水良好的土壤，在中性或微酸、微碱的土壤中均能生长良好，忌连作。对二氧化硫、氟化氢等有毒气体有较强的抗性。

适应地区

原产于中国，俄罗斯远东地区及日本有分布，世界各国均有栽培。

繁殖栽培

用扦插或分株法，以扦插为主，全年均可育苗。喜大肥，地栽要适当浇水与施肥，前期以氮肥为主，孕蕾前适当增加磷、钾肥，可通过摘心来控制花枝和株形以及花朵的大小及数量。注意防虫防病。

菊花品种

菊花花序 ▷

菊花花境

景观特征

是我国十大名花之一，栽培历史悠久。品种多，色彩丰富，花品高贵，璀璨华贵，花形多变，仪态万千。

园林应用

菊花品种多，花色丰富，是各地秋季花卉布置的主要材料。在混合花境中做中景或前景植物，也可构建专类花境。

菊花花境

菊花花境

大丽花

别名：西番莲、苕菊、天竺牡丹、洋芍药、大丽菊
科属名：菊科大丽花属
学名：*Dahlia hybrida*

形态特征

多年生草本，有大的棒状块根。茎直立，多分枝，高 1.5 ~ 2.3 m，粗壮，全株光滑。叶对生，裂片卵形或长圆状卵形，下面灰绿色，两面无毛。头状花序大，有长花序梗，常下垂；总苞片外层约 5 片，卵状椭圆形；舌状花一层，白色、红色或紫色；管状花黄色，有时栽培种全部为舌状花。花期 6 ~ 12 月，果期 9 ~ 10 月。栽培品种繁多，有 4 种分类方法。

按花色分有白色、粉色、黄色、橙色、红色、堇色、紫色及复色 8 种，另外还可按高度、花型及花的直径分类。栽培品种主要由大丽花（*D. pinnata*）、红大丽花（*D. coccinea*）、卷瓣大丽花（*D. juarezii*）、光滑大丽花（*D. merckii*）杂交选育而来，如紫罗兰（cv. Figaro Violet），混色哈罗（cv. Hello Mix）。

大丽花品种

大丽花品种

紫罗兰

大丽花品种

大丽花品种

混色哈罗

大丽花品种

大丽花品种

大丽花品种 ▷

适应地区

世界各地均有栽培。

生物特性

既不耐寒，又畏酷暑，生育适温为
10～30℃。在夏季气候凉爽、昼夜温差大的
地区生长开花尤佳。喜光，但阳光又不宜过强，
幼苗在夏季要避免阳光直射。不耐干旱，也
怕涝。要求疏松、肥沃、排水良好的砂质壤土，
并需轮作，如连作，则块根退化，且易感染
病虫害。

繁殖栽培

用播种、扦插或块根栽植法。春、秋、冬季
为播种适期，种子发芽适温为15～25℃，
种子好光性，覆土不宜多。扦插则于春、秋、
冬季剪取健壮母株未空洞的顶芽、新芽或腋
芽，每段约8cm，扦插于苗床，保持湿度及
日照70%，约20天生根。每月用复合肥追肥
一次，磷钾肥比例稍多，可促进开花。高性
植株，高大，茎中空，需避强风或立支柱防
止折枝。幼苗期要控制灌水，环境要通风，
以防徒长，夏季高温时，叶面每日要喷水1～2
次，注意防白粉病及虫害。

景观特征

是世界名花之一，花型多样，单瓣种清纯可
爱，重瓣种雍容华贵，花色多，色彩明艳耀眼，
无论片植或单株盆栽都极具观赏性。

园林应用

植株粗壮，叶片肥厚，花姿多变，适于布置
花坛、花境。矮生大花品种在花境中可作前
景配置，高的品种作为中景配置非常醒目。
盆栽供布置厅堂、会场，十分壮观。

大丽花花境景观

大丽花花境景观

堆心菊

别名：翼锦鸡菊
科属名：菊科堆心菊属
学名：*Helenium amarum*

堆心菊花序 ▷

形态特征

多年生草本植物，株高 60 cm 以上。叶阔披针形。头状花序生于茎顶，舌状花柠檬黄色，花瓣阔，先端有缺刻；管状花黄绿色。花期 7 ~ 10 月，果熟期 9 月。

适应地区

我国长江流域及以北地区栽培应用。

生物特性

喜温暖向阳环境，抗寒、耐旱，适生温度 15 ~ 28℃。不择土壤。

繁殖栽培

播种繁殖。种子播后 10 ~ 15 天出苗，幼苗 8 ~ 10 片真叶定植。播种到开花需要 12 ~ 14 周。

景观特征

花色纯黄，花开不断，即使在炎热的夏季，观赏期也能长达 3 ~ 4 个月，是炎热夏季花园地栽、容器组合栽植不可多得的花材。

园林应用

是花境、花坛及地被观花类植物，在花境中多作为镶边或前景配置，用于地被效果也不错。

堆心菊花枝

堆心菊花境景观

波斯红草

别名：红背马蓝
科属名：爵床科　耳叶爵床属
学名：*Strobilanthes dyerianus*

波斯红草枝叶 ▷

形态特征

多年生草本或常绿半灌木，株高30～50cm，冠幅20～30cm。叶对生，椭圆状披针形，叶缘有细锯齿，叶脉明显；茎、叶面布满细茸毛，叶上面深绿色并泛布紫色彩斑，叶背紫红色，叶色鲜明，深色、浅色相间。

适应地区

我国热带、亚热带地区栽培应用。

生物特性

性喜高温、多湿，生育适温为22～28℃，10℃以下预防寒害。耐阴性强，忌强烈日光直射。栽培以富含有机质的腐叶土最佳。

繁殖栽培

春至夏季剪顶芽，枝条扦插于河砂、珍珠岩或细蛇木屑，10～20天能发根。施肥用氮磷钾复合肥，每月施用一次。

景观特征

植株整齐，高大丛生叶色鲜艳。

园林应用

是优美的观叶植物，可作地被、花境以及庭院布置。其耐阴性较好，美化效果极佳。

波斯红草花境景观

波斯红草花境景观

耧斗菜

别名：西洋耧斗菜、耧斗花
科属名：毛茛科耧斗菜属
学名：*Aquilegia vulgaris*

形态特征

多年生草本。整个植株具细柔毛。茎直立，高 50 ~ 70 cm，分枝多。2 ~ 3 回三出复叶，具长柄，裂片浅而微圆。花顶生或腋生，花梗细弱，一茎多花；花冠漏斗状；花朵下垂；花深蓝紫色或白色；花瓣 5 枚，卵形，直径约 5 cm；萼片 5 枚，形如花瓣，色与花瓣相同。果深褐色。花期 4 ~ 6 月，果期 7 月。变种和品种较多，如大花种（var. *olympica*）、白花种（var. *alba*）、堇花种（var. *atrata*）、重瓣种（var. *florepleno*）、斑叶种（var. *vervaeneana*）。

耧斗菜花色

生物特性

生性强健。喜半阴和凉爽的环境，在半阴处生长及开花最好。夏季怕高温，耐寒性强，可耐 -25 ℃左右的严寒。不耐酷暑，宜较高的空气湿度。在冬季最低气温不低于 5 ℃的地方，能保持四季常青。华北及华东等地区均可露地越冬。喜富含腐殖质、湿润和排水良好的砂质壤土。

适应地区

我国华北地区有野生。中国及世界各地多有引种栽培。

✳ 园林造景功能相近的植物 ✳

中文名	学名	形态特征	园林应用	适应地区
大花耧斗菜	*Aquilegia hybrida*	草本。复叶，小叶 3 裂。花斜上，色彩丰富	同耧斗菜	适应我国长江流域及其以北地区

耧斗菜花色　　耧斗菜花色　　大花耧斗菜花特写

耧斗菜花色　　耧斗菜花色　　耧斗菜花色

楼斗菜花境景观

繁殖栽培

分株和播种法。分株繁殖可在春、秋季萌芽前或落叶后进行，每株需带有新芽3～5个。也可用播种繁殖，春、秋季均能进行，播后要始终保持土壤湿润，1个月左右可出苗。土质以疏松、肥沃的腐殖土为佳，排水、日照需良好，每20～30天施肥一次，花期前可再追肥一次。夏季应半遮阴，梅雨季节应避免长时间的潮湿，冬季寒冷地区可稍加覆盖越冬。植株生长3年后易衰弱，必须进行分株，使其复壮。

景观特征

株形优美，花型奇特，萼片形如花瓣状，花冠风车形，花姿柔美艳丽，极为脱俗，花色通常为紫色，有时蓝白色，观赏价值高。

园林应用

主要适合群植，在花境中做前景或中景植物。可丛植于公园或庭院中，也可植于岩石园，与假山、奇石等相互衬托。有些较高品种可以用做商业切花，也可单株盆栽。

大花飞燕草

别名：翠雀
科属名：毛茛科翠雀属
学名：*Delphinium grandiflorum*

形态特征

草本植物。基生叶和茎下部叶有长柄；叶片圆五角形，中央全裂片近菱形。总状花序，下部苞片叶状；萼片紫蓝色，花瓣蓝色，顶端圆形，退化雄蕊蓝色；瓣片近圆形或宽倒卵形，顶端全缘或微凹，腹面中央有黄色髯毛。花期 5 ~ 10 月。品种繁多，主要分为中矮品种和高类型品种，中矮品种用于地被材料，高型品种用于切花生产。

适应地区

在我国长江流域及以北地区栽培，华南冬、春季节也可栽培应用。

生物特性

喜阳光充足，但又耐半阴环境。性喜冷凉气候，忌高温、炎热，生育适温为 13 ~ 23℃，宜生长于营养丰富的腐殖质、黏质土内。

大花飞燕草花序

繁殖栽培

可用播种、分株及扦插繁殖。播种可于 3 ~ 4 月或 8 月中下旬进行。分株在春、秋季节均可进行。扦插可在春季剪取新枝扦插。

景观特征

株型直立，叶互生，掌状裂，形态奇特；花序总状，直立高耸，花型别致，因盛开时宛如飞燕落满枝头而得名。其花色丰富，有蓝、淡蓝、雪青等几种色彩，给人以清凉、冷静的感觉。

园林应用

可用于公园、庭院等场合的装饰，因其花期主要在夏季，花色冷凉，适合做夏季花坛和花境配置，给人以凉爽之感。花境中常做中景或背景植物。

大花飞燕草花枝

大花飞燕草花境景观

大花飞燕草花境景观

大花飞燕草花境景观

大花美人蕉

别名：法国美人蕉、小芭蕉
科属名：美人蕉科美人蕉属
学名：*Canna generalis*　大花美人蕉花序 ▷

形态特征

多年生球根花卉，地下茎肉质，不分枝，高达 1 m。叶互生，基部抱茎成鞘状，长椭圆状披针形，具羽状平行脉，绿色或紫红色。总状花序，花色丰富，花大；花萼、花冠不明显，有 5 枚退化雄蕊，呈乳白、黄、粉红、橙、红等色或各色斑点。花期 5～11 月。园艺杂交品种很多，有金脉大花美人蕉（cv. Striatus），鸳鸯美人蕉（*C. orchiodes*）。

大花美人蕉株形

适应地区

世界热带地区广为栽培。

生物特性

喜阳光充足。喜温暖、不耐寒，冬季地上部分枯萎，地下部分宿存过冬。不择土壤，但在肥沃而富含有机质的深厚土壤中生长旺盛。

繁殖栽培

采用分株繁殖。春季切取根茎 3 节左右分植。

在生长期应保证肥水充足。

景观特征

花大而艳丽，叶片翠绿繁茂，是夏季少花季节时庭院中的珍贵花卉，可孤植、丛植或作花境，有较强的抗二氧化硫能力。

园林应用

宜作花境背景或花坛中心栽植，也可用于道路两边布置。

绵毛水苏

别名：棉毛水苏
科属名：唇形科水苏属
学名：*Stachys byzantina*

绵毛水苏花序 ▷

形态特征

多年生草本，高约 60cm。茎直立，四棱形，密被有灰白色丝状绵毛。基生叶及茎生叶长圆状椭圆形，长约 10cm，质厚，两面均密被灰白色丝状绵毛。轮伞花序多花，向上密集组成顶生长 10 ~ 22cm 的穗状花序。花期 7 月。

适应地区

广泛应用于我国。

生物特性

喜阳光充足、温暖湿润、通风良好的生长环境。耐寒，最低可耐 − 29℃低温。耐旱，适合较肥沃排水良好的砂质土壤。

繁殖栽培

一般以播种、扦插或分株等方法进行繁殖。栽培管理简单，保持适宜的湿度，多雨期注意排水。对土壤要求不高，不需要多施肥，花后应及时修剪，可以促进二次开花，避免出现枯花烂叶。

景观特征

叶片质厚柔软，全株密披绒毛，叶色灰绿色、花序浅紫色，植株紧凑挺拔，能使花境景观添加灵气，更具野趣。

园林应用

观花、观叶俱佳，一般广泛应用于花坛、花境、庭院等地区，是常见的观叶植物。花境中常做镶边或前景植物。

绵毛水苏花境景观

绵毛水苏花境景观

芍药

别名：将离、婪尾香
科属名：毛茛科芍药属
学名：*Paeonia lactiflora*

形态特征

多年生草本，根粗壮，分枝黑褐色。茎高
40～70 cm，无毛；小叶狭卵形，椭圆形或
披针形。花数朵，生于茎顶和叶腋；苞片
4～5片，披针形，大小不等；花瓣9～13枚，
倒卵形，白色，有时基部具深紫色斑块。花
期5～6月，果期8月。品种繁多，按花色分，
有纯白色、红色、黄色、紫色、粉蓝色、墨紫色、
复蓝色、复色等；按花型分，有单瓣类、千层类、
楼子类和台阁类。

芍药品种

喜欢冷凉气候。喜湿润，不耐积水。土质以
砂质壤土或壤土生长良好。

适应地区

在我国分布于东北、华北地区和陕西及甘肃
南部。在我国四川、贵州、安徽、山东、浙
江等的城市公园也有栽培。

生物特性

喜阳光充足的环境，生长旺盛，花多而大。
性耐寒，北方各省区都可露地越冬，夏季多

繁殖栽培

可用分株、播种等方法。分株繁殖较为常用，
适宜时期为秋季。种子繁殖仅用于培育新品
种，种子成熟后，要随采随播。生长期可每
20天左右施肥一次，有机肥或复合肥均可。
为了使顶蕾花大色艳，应在花蕾显现不久摘
除侧蕾，可使养分集中于顶蕾，生长过程主
要有黑斑病、白绢病、锈病，需提前防治。

芍药品种　芍药品种　芍药品种

芍药品种　芍药品种　芍药品种

芍药花朵 ▷

芍药花境景观

景观特征

株形较高大，枝叶茂密，幼叶多红色，少量绿色，老叶深绿色。花一般独开于茎的顶端或近顶端叶腋处，原种花主要为白色或粉红色，栽培种更有黄色、绿色、红色、紫色或混合色等。芍药在我国栽培历史悠久，其盛名远在"花王"牡丹之上。

园林应用

是一种重要的露地宿根花卉，由于它兼色、香、韵的特点，可用其开辟专类园。是花坛、花境的好材料，还可在林缘或草坪中作自然式丛植，且常常片植于假山、石畔、池边作点缀。也可以盆栽，用以装点家居。

芍药花境景观

炮仗竹

别名：爆竹花、吉祥草、马鬃花
科属名：玄参科炮仗花属
学名：*Russelia equisetiformis*

炮仗竹花丛 ▷

形态特征

直立灌木，高约 1m，茎绿色细长，轮生，具纵棱。叶小，对生或轮生，退化成披针形小鳞片。聚伞圆锥花序，花红色，花冠长筒状，长约 2cm。花期春、夏季。

适应地区

我国广东和福建等地有栽培。

生物特性

喜温暖湿润和半阴环境，也耐日晒。不耐寒，越冬温度 5℃以上。耐涝。

繁殖栽培

用分株和扦插法繁殖，也可压条、播种。栽培容易，管理粗放。耐修剪。

景观特征

红色长筒状花朵成串吊于纤细下垂的枝条上，犹如细竹上挂的鞭炮，为园林增添喜庆色彩。

园林应用

植株常披垂或近匍匐，在花境中常作为前景植物使用。宜在花坛、树坛边、草坪边缘、岩石旁丛植，或做花篱，也可盆栽观赏。

炮仗竹花枝

炮仗竹花境

文殊兰

别名：文珠兰
科属名：石蒜科文殊兰属
学名：*Crinum asiaticum*

文殊兰花序 ▷

形态特征

多年生常绿草本。鳞茎粗壮，圆柱形，肉质，高达 1m，基部径粗 10～15cm。叶片条状披针形，长近 1m，宽 7～12cm。顶生伞形花序，着生 25～28 朵花；每花序有 2 个苞片，开花时苞片下垂；花瓣线形，白色，有香气。盛花期在 7 月。原变种（*C. asiaticum*），叶缘不为波状，花被裂片及筒部短。斑叶文殊兰（*C. asiaticum* var. *japonicum* cv. Variegatum）。

适应地区

原产亚洲热带地区，现广为栽培。我国海南及台湾等地有野生种。

生物特性

喜温暖湿润，略喜阴。不耐寒，温度不可低于 5℃，冬季需在室内越冬。耐盐碱，忌涝，宜排水良好、肥沃的土壤。

繁殖栽培

繁殖以分株为主，也可播种繁殖。将其吸芽分离母株重新栽植，不宜过深。2～3 年分株一次。生长期需肥水充足，特别是开花前后及开花期更需要充足的肥水。夏季要及时补肥，花后及时剪去花梗。

文殊兰花境景观

文殊兰花境景观

景观特征

植株美观大型，常年青翠，且叶片长而宽大如罗裙带，叶柄为鞘状包茎形成假茎，开花时芳香馥郁，花色淡雅。

园林应用

常孤植于水体边缘或湿地，显示植株飘洒而稳重的气势，多株成丛种植效果也好。花境中常作为背景或后景植物配置。

文殊兰花序

石蒜

别名：蟑螂花，龙爪花
科属名：石蒜科石蒜属
学名：*Lycoris radiata*

形态特征

鳞茎近球形，直径 1 ~ 3cm。秋季出叶，叶
狭带状，长约 15cm，宽约 0.5cm。花葶高约
30cm；伞形花序有花 4 ~ 7 朵；花鲜红色；
花被裂片狭倒披针形，长约 3cm，宽约 0.5cm，
强度皱缩和反卷。花期 8 ~ 9 月，果期 10 月。
品种主要是按花色来分，其中一种花色洁白，
名为白花石蒜(*Lycoris radiata* var. *alba*)。

适应地区

分布于山东、河南、安徽、江苏、浙江、江西、
福建、湖北、湖南、广东、广西、陕西、四川、
贵州、云南。野生于阴湿山坡和溪沟边的石
缝处。庭院有栽培。

生物特性

抗逆性强，生长健壮。喜半阴，也耐晒。喜
湿润，也耐干旱。喜生于富含腐殖质、排水
良好的砂质壤土，也耐贫瘠的土壤。较耐寒，
在华北地区需保护过冬。5 ~ 8 月，叶片全枯
萎进入休眠期。

繁殖栽培

采用自然分球种植。通常在夏季叶片枯萎后
或在花谢后掘起球根分球植栽，切忌叶片繁
盛时移栽；小球须经 2 ~ 3 年后始能开花。
叶生长初期（冬至春）多补给氮肥，生长后
期增加磷钾肥。

石蒜花色

石蒜花色

石蒜花色

石蒜花色

石蒜花序 ▷

景观特征

单株或群体种植的观赏价值均高。先花后叶，花茎破土而出，顶托着鲜红色的花朵，上部开展并向后反卷，边缘波状皱缩，形状奇特，西方称之为"魔术花"。

园林应用

可植于草地边缘、林缘、疏林下或成片种植在路边。花境中常作前景配置，也可点缀岩石缝间组成岩生园景。此外，还可以建立石蒜专园，秋季观花、冬季观叶。

石蒜花境景观

石蒜花境景观

石蒜花境景观

洋水仙

科属名：石蒜科水仙属
学名：*Narcissus* spp

形态特征

多年生草本，皮鳞茎卵圆形。叶 5 ~ 6 片，宽线形，先端钝，灰绿色。花茎略高于叶，顶生 1 花，横向或略向上开放；花被片 6 枚，副冠喇叭形、黄色，边缘呈不规则齿状。依花被裂片与副冠长度比以及色泽异同进行分类，有喇叭水仙群、大杯水仙群、小杯水仙群、重瓣水仙等类型。洋水仙栽培品种较多，花色丰富。

适应地区

我国各地有栽培，供观赏。

生物特性

喜温暖湿润及阳光充足的地方，尤以冬无严寒、夏无酷暑、春秋多雨的环境最为适宜，但多数种类也甚耐寒，在我国华北地区不需保护即可露地越冬。

繁殖栽培

以分球繁殖为主。球内的芽点较多，发芽后均可成为新的小鳞茎，可将母球上自然分生的小鳞茎（俗称脚芽）掰下来另行栽植培养，不需要特别的养护技术。

景观特征

花型奇特，花色丰富且甚为醒目，景观效果良好。

园林应用

在花境中可做前景及镶边植物，配置于花坛、草坪及园路角隅等处构成春日佳景，亦可作基础种植，或盆栽观赏。

洋水仙

洋水仙花色

洋水仙花色

洋水仙

洋水仙花色 ▷

洋水仙花境景观

洋水仙花境景观

百子莲

别名：非洲百合、蓝花君子兰
科属名：石蒜科百子莲属
学名：*Agapanthus africanus*

形态特征

多年生草本。有鳞茎。叶线状披针形，近革质，生于短根状茎上，左右排列，叶色浓绿。花茎直立，高可达60cm；伞形花序，有花10～50朵，花漏斗状，深蓝色。花期7～8月。除蓝色品种外，还有白花和花叶品种。

百子莲花序

适应地区

中国各地多有栽培。

生物特性

喜温暖湿润、半阴环境，较耐寒，越冬温度为5℃。喜肥、喜水，但怕积水。对土壤要求不严，但在肥沃的沙壤中生长更繁茂。

景观特征

叶色浓绿光亮，花蓝紫色，也有白花、紫花、大花和斑叶等品种，花形秀丽。

繁殖栽培

常用分株和播种繁殖。3～4月结合换盆进行分株，将过密老株分开，2～3丛为宜。分株后翌年开花。

园林应用

在花境中常做前景或中景植物，适于盆栽作室内观赏。在南方置半阴处栽培，做岩石园和花径的点缀植物。

百子莲花境

百子莲花序 ▷

百子莲花境

百子莲花境

石竹

别名：中国石竹、洛阳石竹
科属名：石竹科石竹属
学名：*Dianthus chinensis*

形态特征

多年生草本，高 30 ~ 50 cm。全株无毛，带粉绿色。茎由根颈伸出，直立，茎节膨大。叶片对生线状披针形，全缘或有细小齿。花单生于枝端或数朵花集成聚伞花序；花瓣 5 枚，倒卵状三角形，紫红色、粉红色、鲜红色或白色。花期 5 ~ 6 月，果期 7 ~ 9 月。品种有魔术混色(cv. Magic Mix)、白色魔力(cv. Magic Charms White)、深红卫星(cv. Telestar Crimson)、草莓石竹(cv. Strawberry)、超级雪糕(cv. Super Partfait)、魔术(cv. Magic)。

适应地区

原产于我国，分布在东北、华北、西北及长江流域各省，一般生在向阳山坡、地边或路边。

生物特性

喜阳光充足，稍耐阴。喜凉爽，但对寒冷耐受性强。喜干燥、通风，耐干旱。喜排水良好、肥沃、疏松及含石灰质的壤土，忌潮湿、水涝。生育适温为 10 ~ 25 ℃，发芽适温为 19 ~ 22 ℃。

＊园林造景功能相近的植物＊

中文名	学名	形态特征	园林应用	适应地区
须苞石竹	*Dianthus barbatus*	高 50 ~ 60 cm。茎较粗壮，节间较长。苞片顶端须状分裂，头状花序	同石竹	同石竹
瞿麦	*D. superbus*	高 20 ~ 30 cm。圆锥花序，花径 3 ~ 4 cm，花瓣细裂至 1/2	同石竹	同石竹

魔术　白色魔力　深红卫星

超级雪糕　草莓石竹　瞿麦

须苞石竹

石竹花色　　石竹花色

繁殖栽培

用播种、扦插或分株法繁殖。9 月播种于露地苗床，播后 5 天即可出芽，也可于 9 月露地直播或 11 ~ 12 月冷室盆播。扦插可于 10 月至翌年 3 月进行。分株可于 4 月进行，生长期每隔 4 周左右施肥一次，可施用有机肥或复合肥。成株若茎徒长，应加以摘心，促使其多分侧枝。花后剪去花枝，每隔 1 ~ 2 周施肥一次，9 月以后可再开花。

景观特征

株形优美，茎枝纤细，有节且膨大，翠绿，形似竹，叶狭长披针形，对生，花单生或数朵簇生，色彩丰富，娇美而持久，且有宜人香气，颇受人们喜爱。

园林应用

是一种园林造景的优良草花，花境中常作前景或镶边材料配置。也可大量直播，用做地被植物。

石竹花境景观

菖蒲

别名：水菖蒲
科属名：天南星科菖蒲属
学名：*Acorus calamus*

形态特征

多年生挺水草本植物，有香气，根状茎横走。叶基生，叶片剑状线形，长50～120cm，叶基部成鞘状，对折抱茎，中肋脉明显。花茎基生出，扁三棱形，长20～50cm，叶状佛焰苞长20～40cm；肉穗花序直立或斜向上生长，圆柱形。花期6～9月，果期8～10月。主要品种有花叶菖蒲（*Acorus calamus* cv.Variegata），叶上嵌有白色条纹，耐深水；相近品种有花叶石菖蒲（*A.tatarinowii* cv.Variegata）。

适应地区

分布于我国南北各地，生于池塘、湖泊岸边浅水处，沼泽地。

生物特性

喜日光充足环境，可每天接受4～6小时的散射光。生长温度为20～25℃，10℃以下停止生长，冬季地下茎潜入泥中越冬，可耐－15℃低温。喜湿润的土壤环境，不耐旱。

繁殖栽培

分株繁殖。将地下茎挖出，切成若干块，保留3～4个新芽进行繁殖。生长期内保持水位或潮湿，施追肥2～3次，并结合施肥除草。露地栽培2～3年要更新。

景观特征

叶丛青翠，株态挺拔，具有特殊香味，颇为耐看。其叶片碧绿柔韧，将之配植于池边、塘畔，能够给环境增添几分水乡的气息。

园林应用

在花境中常做背景植物或用来点缀。菖蒲叶丛翠绿，端庄秀丽，具有香气，适宜水景岸边及水体绿化。

菖蒲花境

花叶菖蒲叶片 ▷

花叶菖蒲花境

菖蒲花境

花叶菖蒲花境

红掌

别名：安祖花、火鹤花、花烛
科属名：天南星科花烛属
学名：*Anthurium andraeanum*

红掌花序 ▷

形态特征

多年生草本，茎矮，株高 40 ~ 50cm。叶基生，革质，长椭圆心形，端渐尖，基部钝，浓绿色。佛焰苞阔卵形，有短尖，基部阔圆形，鲜红色，具蜡质层；肉穗花序黄色，圆柱形，稍下弯。花烛品种繁多，佛焰苞有红色、白色、绿白、粉红等，花序有鲜红色、粉红色、直立的、弯曲的等，常见品种有高山（Alpine）、粉安廷克（Antink Pink）、亚利桑那（Arizona）、红星（Red Stars）、皇石（Kingston）等，相近种类有火鹤（*A. scherzerianum*）、掌叶花烛（*A. pedato-radiatum*）。

适应地区

世界各地广泛栽培。

红掌花境

红掌花境

红掌花序

生物特性

喜高温、多湿，不耐寒，怕干旱和强光曝晒，宜半阴环境，生长适温为 20 ~ 30℃。要求疏松透气、排水良好、富含腐殖质、pH 值为 5.5 ~ 6.5 的酸性土壤。

繁殖栽培

常用分株和组织培养法繁殖。春季选择 3 片叶以上的子株，从母株上连茎带根切割下来，用水苔包扎移栽。花烛对水分比较敏感，空气湿度以 80% ~ 90%最为适宜。

景观特征

花、叶俱美，鲜艳夺目，佛焰苞像一只伸展的红色手掌，光滑且富有蜡质光泽，肉穗花序酷似动物的尾巴，是热带观花类植物代表。

园林应用

在室内及阴生环境布置的花境可使用红掌做前景植物或镶边材料。目前园林中造景使用花烛类植物并不多，可布置于室内场地或建筑背阴面无直射光、空气湿度大的地方，也可盆栽装饰庭院、厅堂。

白掌

别名：白鹤芋、苞叶芋
科属名：天南星科白掌属
学名：*Spathiphyllum kochii*

白掌花序 ▷

形态特征

多年生草本，株高25～35cm。叶基生，革质，长椭圆状披针形。肉穗花序细长，乳黄色；佛焰苞阔卵形，白色，高出叶面，大而显著。夏、秋季开花。栽培品种有近30种，如大叶白掌（cv. Maura Loa）、绿巨人（cv. Supreme）等。相近种香白掌（S.Patinii），苞片有香气。

适应地区

原产热带美洲地区，现广泛栽培。

生物特性

喜高温、多湿和半阴环境，冬季温度不低于14℃。怕强光曝晒，夏季需遮阴60%～70%。以肥沃、含腐殖质丰富的壤土为好。

繁殖栽培

分株或组培繁殖。分株繁殖于5～6月进行，从株丛基部将根茎切开分栽。

香白掌

景观特征

翠绿叶片，洁白佛焰苞，花茎挺拔秀美，清新悦目，是世界重要的观花和观叶植物。

园林应用

在花境中做前景或镶边植物。盆栽白掌装饰厅堂、公共场所，显得高雅俊美。在华南地区配置小庭园、池畔、墙角处，别具一格。其花也是极好的花篮和插花材料。

香白掌花境

花叶芋

别名：五彩芋、彩叶芋
科属名：天南星科五彩芋属
学名：*Caladium hortulanum*

形态特征

多年生草本，根茎块茎状，株高 15 ~ 40cm。叶片丛生，长 8 ~ 20 cm，宽 5 ~ 10cm；叶片通常盾状箭形，细脉密，网状，叶色丰富。花序柄通常单出，伸长；佛焰苞管部席卷，肉穗花序，长约 1.5cm。花期 4 月。主要品种有绿脉类白鹭（White Candium）、白雪公主（White Princess）等；白脉类穆非特小姐（Miss Muffet）、主体（The Thing）等；红脉类雪后（White Queen）、冠石（Key Stone）等。

适应地区

我国云南、广东、台湾等地区广泛种植。主要分布于南热带地区。

生物特性

喜高温、高湿和半阴环境，荫蔽度为 30% ~ 40%。不耐低温和霜雪，生长适温为 20 ~ 30℃。要求土壤疏松、肥沃和排水良好。

白雪花叶芋叶片

白雪花叶芋株形

红心花叶芋花境

繁殖栽培

用分株或分球法进行繁殖。全年均能分株，但以冬季休眠后、春季叶片未萌发前分球为佳。栽培处以 50% ~ 60% 遮光率最为适宜，忌强烈日光直射。

景观特征

叶色丰富，有红色、白色的斑块相间镶嵌在翠绿的叶子上，光彩夺目。其株型紧凑茂密，叶大美观，层层相叠，能够给人如同彩霞一般的感受。

● 园林应用

植株低矮，能作为盆栽、花坛、花境的重要彩叶植物种植。可遍植于庭院中的开阔草坪作为大色块，也可以团植在花境的中低层作为彩色叶配置，能长期保持景观效果，管理简便。

红心花叶芋花境

白公主花叶芋花境

花叶万年青

科属名：天南星科花叶万年青属
学名：*Diffenbachia* spp.

形态特征

多年生阴生草本植物，茎秆粗壮、直立。叶常聚生顶端，叶柄长 10 ~ 20cm，中脉明显，下部的叶柄具长鞘；叶片长圆形或长圆状披针形，长 15 ~ 30cm，叶面深绿色，有白色或淡黄色不规则的斑纹。佛焰苞长椭圆形，宿存，开花很少。常见品种有大王花叶万年青（Amoena），大型种，株高 2m，茎粗叶大；美斑花叶万年青（Exotica），中型种，株高 1m；夏雪花叶万年青（Tropic Snow）中型种，株高 1.2m，叶厚。

花叶万年青花境

适应地区

我国热带城市普遍栽培，现广泛栽培。

生物特性

耐半阴，忌强光。怕冻，喜高温、高湿的环境，生长适温为 15 ~ 30℃，冬季在室内保护越冬，要求疏松、肥沃的土壤。

繁殖栽培

以无性繁殖为主，在春、夏两季都可进行。选择当年生粗壮嫩枝，剪取 10cm 左右，保留 2 ~ 3 个节，晾干插条汁浆，插入泥沙中，在 25℃左右温度下 35 天即可生根。生长期内注意病虫害防治，以免影响植株的生长与观赏效果。

花叶万年青花境

花叶万年青叶片 ▷

景观特征

叶大，翠绿、光亮、斑斓，姿形美丽，碧叶青青，充满生机，特别适合在现代建筑中配置。

园林应用

布置室内或阴生环境花境做前景植物，高大者可做中景植物，还可供室内装饰、庭院摆放。

花叶万年青花境

花叶万年青花境

花叶万年青花境

红绿草

别名：绿苋草、彩苋草、红苋草、白苋草
科属名：苋科莲子草属
学名：*Alternanthera bettzickiana*（*A.ficoides*）

形态特征

多年生常绿草本，植株直立或平卧，簇生，铺地直径33～50cm，高度10～15cm，质地较细腻。叶椭圆形、卵形或倒卵形，同对生叶近等大，顶端钝或近急尖，基部渐狭；叶形变化大，叶色丰富，以红、白、黄色为主。穗状花序1～3个生于叶腋，球形或长卵形，长约1cm，花白色，无总花梗。该种品种较多，与其形态、色彩和应用形式相近的种类也较多.彩苋菜（*Alternanthera bettzickiana* cv. Tricolor），叶色黄色或多种颜色，叶柄极短，头状花序，花白；红线（*Alternanthera bettzickiana* cv. Red Threads），叶片线性，较长; 白苋菜（*Alternanthera bettzickiana* cv. Variegata），叶边具有较大面积的白边和斑块，可达叶面的一半；黄叶苋（cv. Yellow Form）、锦苋菜（*Alternanthera tenella* cv. Tricolor），叶卷，粉红色；花叶苋（cv. Mottled Leaves），叶具红黄绿彩斑镶嵌。

黄苋草花境

白苋菜

适应地区

我国各省区多有栽培。

生物特性

不耐寒，不耐夏季酷热。喜阳，也略耐阴。不耐湿，也不耐旱，生长季节好湿润，要求排水好。土质不择。

繁殖栽培

主要用扦插繁殖。选枝壮、叶茂的植株作母株，开花时及时摘除花朵，常对成龄植株修剪，把剪下的枝条收集起来再扦插。

景观特征

品种丰富，植株较为低矮，繁殖容易，养护方便，耐修剪。红绿草叶色以红、黄、绿为主，在花境中能够在植物不开花的时节丰富景观色彩，是园林造景中常用的彩色叶植物。

园林应用

应用广泛，在花境中宜做镶边材料和前景植物，常用于公园或景区，大面积栽植色彩效果尤佳。不同色彩可配植成各种地被形式，如图案、花纹、文字等平面或立体的造型。

红绿草植株 ▷

黄苋草花境

黄苋草花境

红绿草花境

穗花婆婆纳

科属名：玄参科婆婆纳属
学名：*Veronica spicata*

形态特征

多年生草本植物，株高 45 ~ 90cm。叶对生，披针形至卵圆形，近无柄，长 5 ~ 20cm，具锯齿。花蓝色、紫色、粉色或白色；小花径 4 ~ 6mm，形成紧密的顶生总状花序。花期 6 ~ 9 月。

适应地区

原产新疆西北部，生于草原和针叶林带内。在我国北方多有栽培。

生物特性

自然生长在石灰质草甸及多砾石的山地上。喜光，耐半阴。在各种土壤上均能生长良好，忌冬季土壤湿涝。

繁殖栽培

可采用分株、播种繁殖，以分株繁殖为主。喜肥力中等、排水良好的环境。

景观特征

花冠为高雅的淡蓝紫色，花穗挺拔细长，纤小花朵聚集其上，景致甚佳。

穗花婆婆纳株形

轮叶婆婆纳

穗花婆婆纳花境景观

园林应用

该属花卉有蓝、白、粉等颜色，适于花境、花坛丛植及做切花配材。在花境中常做中景或后景植物。

穗花婆婆纳花境景观

轮叶婆婆纳花境景观

观赏番薯

别名：甘薯
科属名：旋花科番薯属
学名：*Ipomoea batatas*

形态特征

多年生蔓性草本，具膨大块根。茎匍匐或悬垂生长，茎、叶具乳汁，茎蔓长可达 2 ~ 4m。叶为不规则心形或缺裂，长 8 ~ 12cm，宽 8 ~ 10cm，叶面有绿色、紫红、乳白斑纹，有长叶柄。花紫色或白色，喇叭状。彩叶品种较多。

适应地区

我国现已广泛栽培，块根、茎、叶可食用。

生物特性

喜光、耐高温、耐旱。耐瘠薄，喜疏松肥沃、排水良好的土壤。

繁殖栽培

扦插或用块根繁殖。宜种在光线充足的环境，生性强健，管理粗放。

景观特征

蔓性植株生长快速，叶色色彩丰富，既可作地被，也可悬垂种植作垂直绿化，形成不同造型的景观。

观赏番薯

观赏番薯花境景观

园林应用

是良好的地被观叶植物，适宜营造田园景观，还可作垂直绿化，盆栽、吊盆，庭院布置效果也好。花坛、花境应用于自然式镶边。

观赏番薯花境景观

观赏番薯花境景观

观赏番薯叶片 ▷

观赏番薯花境景观

观赏番薯花境景观

鸢尾类

科属名：鸢尾科
学名：*Iris* spp.

形态特征

多年生草本，分宿根和球根两类。叶多基生，排成两列；叶剑形，条形或丝状。大多数的种类只有花茎而无明显的地上茎，花茎自叶片丛中抽出，顶端分枝或不分枝；花较大，蓝紫色、紫色、红紫色、黄色或白色；花被裂片6枚，2轮排列，外轮花被裂片3枚，常较内轮花被大，上部常反折下垂，基部爪状，无附属物或具有鸡冠状及须毛状的附属物；内轮花被3枚。花期一般4～5月，果期6～8月。园艺品种甚多，花色鲜艳，有纯白色、白黄、姜黄、桃红、淡紫、深紫等。作为花境应用的品种主要有德国鸢尾（*Iris germanica*）、矮鸢尾（*Iris pumila*）等。

适应地区

我国主要在长江流域以北地区广泛应用。

生物特性

适宜阳光充足的环境，有些品种也能耐阴。性强健，耐寒性较强，露地栽培时，地上茎叶在冬季不完全枯萎。喜生于排水良好、适度湿润、微酸性的土壤，也能在砂质土、黏土上生长。

繁殖栽培

可用分株法繁殖。分株可于春、秋季或开花后进行。

景观特征

植株秀美挺拔，叶片青翠，群体整齐一致，效果良好。其品种丰富，花色多样，花形奇特，株形美观，是良好的花坛、花境材料。

园林应用

鸢尾类的多数品种能布置花坛、花带和花境，在花境中做前景或中景植物，也可点缀于石旁、岩间，植于池畔、溪边，与其他水生植物共同构成景观。因其花型、花色、叶形美观，还可布置成专类花园。

鸢尾品种

鸢尾品种

鸢尾品种

鸢尾花境

鸢尾花境

紫叶酢浆草

科属名：酢浆草科酢浆草属
学名：*Oxalis violacea*

形态特征

多年生草本，高20～25 cm。地下茎块状。叶丛生，叶柄较长，具小叶3片，叶片紫红色，阔倒三角形。总花梗长于叶柄，成伞形花序，顶生小花12～14朵；花冠5裂，淡红色，有时一年开2次花。花期4～6月和11月。

适应地区

我国热带、亚热带地区广为应用。

紫叶酢浆草花境景观

生物特性

喜温暖、湿润，喜阳光，也耐半阴，耐旱，要求土壤疏松、排水性好。我国长江流域露地栽培表现良好，长江流域以南地区生长及开花期更长。

繁殖栽培

分株繁殖是主要的繁殖方法，全年都可进行，成活率高，上半年栽的当年都能开花。在适宜的地区种植容易，栽培管理比较简单，花坛、花境成块种植，株距5～10 cm，行距8～15 cm。

红花酢浆草

紫叶酢浆草

银斑酢浆草

❋ 园林造景功能相近的植物 ❋				
中文名	学名	形态特征	园林应用	适应地区
红花酢浆草	*Oxalis rubra*	多年生草本，高20～25 cm。具不典型的球茎。叶丛生，叶柄细长，具小叶3片，倒心形。不规则伞形花序，顶生小花3～10朵；花玫瑰红色，下半部具有紫红色条纹	叶形奇特，小花红色，花朵繁多，十分醒目。做地被、花坛、花境材料十分适宜	原产于美洲热带地区，现广为应用
多花酢浆草	*O. corymbosa*	植物形态和功能同红花酢浆草，不同在于花淡紫红色，花冠管部绿色	盆栽观赏植物及优良的观赏地被植物	广为应用

红花酢浆草 ▷

景观特征

植株低矮，植丛致密，紫色叶片叶色鲜艳，是良好的花境镶边材料。花、叶俱美，叶色长期具有良好观赏价值，作为花境材料在色彩搭配、外形协调等方面均有优势。

园林应用

布置花坛、花境不迁延，图案线条容易保持，花境中常做前景或镶边植物。可大片地面覆盖作为地被植物，效果很好，也可于台坡、阶旁、沟边、路沿种植。盆栽布置临时景观应用潜力大、效果好。

紫叶酢浆草花境景观

红花酢浆草花境景观

红花酢浆草花境景观

第四章

灌木类花境植物

造景功能

灌木类花境植物以低矮常绿品种为主，以株型、叶色、花色的多样性在混合花境中占据一席之地。灌木类植株生长期长，观赏期也长，维护成本较低，但有色彩较单一、季相变化不明显的不足。

日本花柏

别名：扁柏
科属名：柏科
学名：*Chamaecyparis pisifera*

形态特征

常绿乔木，树冠圆锥形，老树枝尾端的 2～3 年生枝往往形成团状。叶鳞片状，先端锐尖，表面深绿色，背面有白粉，非常明显。花期 4 月，球果 10～11 月成熟。主要品种有线柏（*Chamaecyparis pisifera* cv. Filifera），枝叶浓密，小枝细长下垂，叶色浓绿；绒柏（*Chamaecyparis pisifera* cv.Squarrosa），枝叶密生，叶线状刺形且柔软，叶背面有白粉带。

适应地区

我国华东、华中、华南等地均可栽培。

生物特性

温带及亚热带树种。中性偏阴，小苗要遮阴。喜温暖、湿润气候，较耐寒。喜湿润、肥沃、深厚的沙壤土。

矮金柏

矮花柏

矮花柏花境景观

矮金柏景观花境

繁殖栽培

可用播种、扦插繁殖。播种育苗于春季进行，一般在春季进行移植。扁柏株形端正，不用太多修剪，以自然形态为主，仅在春季将扰乱树形的枝条进行修剪即可。

景观特征

植株树形紧凑，小枝扁平，具有多个花叶品种，色彩较丰富，姿、色观赏效果都好。

园林应用

作花境使用时，一般使用中等大小的植株，作为背景或后景植物布置。在园林中可以孤植观赏，也可以丛植，也可密植用于绿篱或整修成绿墙、绿门。

日本花柏 ▷

金雅柏花境景观

金线柏花境景观

日本小檗

别名：红叶小檗
科属名：小檗科小檗属
学名：*Berberis thunbergii*

形态特征

落叶灌木，幼枝紫红色，刺细小，单一，很少3分叉。叶菱形、倒卵形或矩圆形，长0.5～2cm，宽0.2～1cm，上面暗绿色，下面灰绿色。花序伞形或近簇生，有花2～12朵，黄白色。浆果长椭圆形，长约10mm，熟时红色。主要品种有紫叶小檗（*Berberis thunbergii* cv. Atropurpurea），叶菱形或倒卵形，紫红到鲜红，叶背色稍淡；金边紫叶小檗（*Berberis thunbergii* cv. Golden Ring），叶紫红并有金黄色的边缘；矮紫叶小檗（*Berberis thunbergii* cv.Atropurpurea Nana），植株低矮，叶常年紫色。

适应地区

原产于我国东北南部、华北及秦岭，日本亦有分布。长江中下游流域地区最适宜种植。

生物特性

适应性强。喜光照充足，耐半阴。适生于肥沃、排水良好的土壤。喜凉爽的气候环境，耐寒，但不畏炎热高温。萌蘖性强，耐修剪。

繁殖栽培

分株、播种或扦插繁殖。定植应施基肥，强修剪。植篱应注意修剪。

金叶小檗花境

日本小檗花境

景观特征

叶形、叶色优美，姿态圆整，春开黄花，秋缀红果，深秋叶色变紫红，果实经冬不落，枝细密而有刺，是良好的观果、观叶和刺篱材料。

园林应用

宜丛植或作彩篱观赏，园林中常与常绿树种作块面色彩布置，效果较佳。可用来布置花坛、花境，是园林绿化中色块组合的重要树种。

金叶小檗

日本小檗

紫叶小檗

日本小檗 ▷

日本小檗花境

日本小檗花境

圆柏类

别名：桧柏、刺柏、栝
科属名：柏科圆柏属
学名：*Sabina chinensis*

形态特征

常绿乔木，高达30m。幼树树冠呈尖塔形或圆锥形，老树多呈广圆形或钟形。树皮灰褐色至红褐色，浅纵裂，呈长条状剥离。枝叶密生。叶有2型，幼树多为刺叶，常3片交互轮生；鳞叶小，棱状卵形，多见于老树，通常交互对生；壮龄树多兼有刺叶与鳞叶。雌雄异株，稀为同株，雌雄球花均生于短枝顶端。球果近球形，肉质，熟时暗褐色，被白粉，不开裂。圆柏栽培历史悠久，品种丰富，常见品种有龙柏（cv. kaizuca）、垂枝圆柏（f. *pendula*）、塔柏（cv. Pyramidalis）、金叶桧（cv. Aurea）、万峰桧（cv. Wanfengkuai）、鹿角桧（cv. Pfitzeriana）、球柏（Sabina . Chinensis cv.Globosa）等。

适应地区

现我国各地庭园普遍栽培。

生物特性

喜光，较耐阴，耐寒。较耐干旱，对潮湿也有一定的抗性。酸性、中性及石灰质土壤均能生长，适应城市渣土能力强，喜湿润、深厚、排水良好土壤。

繁殖栽培

以种子繁殖为主，也可扦插繁殖。幼株每2年应移植一次，促使萌发细根。生育期间每2～3月追肥一次。幼株需水较多，勿放任干旱。

景观特征

幼树呈整齐、美观的圆锥形，老树干枝扭曲，姿态古怪奇异。无论单株、列植或做背景树，观赏价值均高，是庭园美化、绿化的重要树种。

园林应用

花境中常采用圆柏属低矮品种，做后景或背景植物，用匍匐品种作前景或镶边配置。其品种诸多，异彩纷呈，观赏性强，用途广泛。

绿堆铺地柏

圆柏花境

圆柏花境

圆柏花境

圆柏花境

金雀儿

别名：锦鸡儿
科属名：蝶形花科锦鸡儿属
学名：*Cytisus scoparius*

金雀儿花序 ▷

形态特征

落叶或半常绿灌木，高2～3m，冠幅0.5～0.8m。枝丛生，直立，分枝细长。上部常为单叶，下部为掌状三出复叶。花单生上部叶腋，于枝梢排成总状花序；花冠鲜黄色，长1.5～2cm。花期5～7月。栽培变种有二色金雀花(cv. Andreanus)，旗瓣黄色，翼瓣红色，甚美丽；相近种香雀花(*Cytisus × spachianus*)，为常绿灌木，花黄色，有香气。

金雀儿花序

宜栽培于开阔向阳处。每年春天要进行修剪，将病枝、枯枝以及过长的枝条修剪掉，以免影响美观。

适应地区

我国长江流域及以北地区近年应用较多。

生物特性

喜阳，在夏季也不需要遮阴。耐寒力强，能耐−20℃的低温。喜排水良好的酸性砂质土壤。

繁殖栽培

可播种繁殖，或在萌芽时进行分株繁殖。喜光，

景观特征

植株茂密，枝条密集而细长，端下垂，开花时黄花繁盛，常于庭园中孤植或丛植供观赏，偶有成片种植成为地被。是良好的观花灌木。

园林应用

花繁叶茂，花枝上开满的黄色小花鲜艳夺目，成为花境中的夺目团块，可以作为前景和中景植物配置。

金雀儿花境

芙蓉菊

别名：白香菊、海芙蓉、玉芙蓉
科属名：菊科芙蓉菊属
学名：*Crossostephium chinense*

芙蓉菊花序 ▷

形态特征

半灌木。叶聚生枝顶，狭匙形或狭倒披针形，灰白色。头状花序盘状，直径约 7mm，生于枝端叶腋，排成有叶的总状花序；有细梗。花、果期全年。

适应地区

产于我国中南及东南部（广东、台湾）一带，中南地区时有栽培。

生物特性

喜温暖，生长适温 15～30℃，一般能耐−5℃低温。喜阳光充足且较耐阴。耐涝且较耐干旱。喜腐殖质深厚、疏松、排水透气性好、保水、保肥力强的砂质土，土壤最适 pH 值为 6.5。

繁殖栽培

可采用圈枝、播种和扦插法繁殖。芙蓉菊生长缓慢，大苗比较粗生，易于管理。平时不需修剪，也能保持球面状银白色的株型。

景观特征

株形紧凑，叶片银白似雪，又因其根干苍劲古朴，枝叶紧凑，自然呈团簇状，故常用于制作各种不同造型的树桩盆景。

园林应用

在花境中常作镶边或中景植物配置，也可作观叶植物盆栽观赏。地栽广泛用于园林绿化。

芙蓉菊枝叶

芙蓉菊花境

芙蓉菊花境

芙蓉菊花境

大花绣球花

别名：紫阳花、八仙花
科属名：虎耳草科绣球属
学名：*Hydrangea macrophylla*

形态特征

落叶灌木，高可达 1～4m。叶卵状椭圆形，先端短而尖，基部广楔形，对生，边缘具粗锯齿，叶面鲜绿色，有光泽，叶背黄绿色。顶生伞房花序，大型、半球状。花梗有柔毛，有 4 枚萼片，萼片宽卵形或圆形，花色多变，花被白色，渐转蓝色或粉红色。花期 6～7 月。栽培品种较多。

适应地区

我国湖北、四川、浙江、江西、广东、云南等省区都有分布。

生物特性

性喜半阴、湿润和温暖，不甚耐寒。好肥沃、排水良好的疏松土壤。土壤酸碱度对花色影响很大，酸性土开蓝色花，碱性土则开红色花。萌蘖力强。

繁殖栽培

可用扦插、压条、分株等方法繁殖。初夏用嫩枝扦插很易生根。压条于春季或夏季均可

大花绣球花境景观

大花绣球株丛

进行。由于每年开花都在新枝顶端，一般在花后进行短剪，以促生新枝，待新枝长出 8～10cm 时进行第二次短剪，使侧芽充实，以利次年再长出花枝。

景观特征

绣球花植株繁茂，冠幅较大，花姿雍容华贵，花色多变，可用于绿篱，开花时节很是壮观，人见人爱。

园林应用

绣球花是极好的观赏花木，在花境中可做中景植物，配植于林下、路缘、棚架边及建筑物之北面，亦可用于池畔、水滨。

大花绣球花境景观

大花绣球花境景观

大花绣球花境景观

金叶莸

科属名：马鞭草科莸属
学名：*Caryopteris×clandonensis* cv.Worcester Gold

形态特征

落叶蔓性灌木，高30～80cm。单叶对生，叶片披针形，长4～6cm，宽1～1.5cm，边缘有粗锯齿，从新叶到老叶始终金黄色。花序腋生，集中于枝条上部；小花密集，花为淡蓝色。花期7～9月。花叶金叶莸(*Caryopteris × clandonensis* cv. Summer Sorbet)，叶具金黄色斑块；金叶兰香草(*C. incana* cv. Jason)，叶卵形，黄色。

适应地区

原产于我国西北地区，是新兴的优良彩色地被植物。

生物特性

生性强健，对土地要求不严格。抗性强，耐寒、耐旱又耐碱，是干旱地区良好地被植物。喜阳光充足。生长适温15～30℃，冬季落叶越冬。根据观察，越是天气干旱、光照强烈，其叶片越是金黄；如长期处于半阴条件下，叶片则呈淡黄绿色。

繁殖栽培

主要采用扦插繁殖。用3～4节的茎段为插穗，

金叶兰香草

花叶金叶莸

插于湿润土壤的苗床或直接插于栽培场地均易存活，以春、秋季为好。管理粗放，定植初期需要肥水管理、杂草控制，地被长成后病害、虫害、草害不多，无需特别养护。生长旺期可以通过修剪控制生长，春天应统一修剪一次。

景观特征

适宜大面积作地被种植，其叶色金黄，紫色花序点缀其上，清新高雅，视野宽广，是最好的西北干旱地区地被植物之一。

园林应用

花境中常作前景或中景植物配置，园林绿化可作大面积的平地、斜坡地被种植。在草地、草坪上配植，色彩对比强烈，效果良好。

金叶莸花境

花叶金叶莸花境

金叶兰香草花境

现代月季

别名：四季蔷薇、月季花、杂交蔷薇
科属名：蔷薇科蔷薇属
学名：*Rosa hybrida*

形态特征

常绿或落叶灌木，株高 1 ~ 2.5m，小枝具钩状皮刺。羽状复叶宽卵形或长卵形。花单生或数朵簇生，呈伞状，直径 4 ~ 12cm，微香或无香；花瓣倒卵形，具白、粉、红、黄、紫等多种颜色。花期 5 ~ 10 月。现代月季根据株型、花的大小、香味等分为六类——丰花月季、壮花月季、微型月季、藤本月季、香水月季和灌木月季。

适应地区

原产于中国，现广泛栽培于世界各地。

生物特性

喜向阳、背风、空气流通的环境，每天需要接受 5 ~ 8 小时以上的直射阳光，才能生长良好。最适温度白天为 18 ~ 25℃、夜间为 15.5 ~ 16.5℃。土壤要求排水良好、具有团粒结构，pH 值为 6 ~ 7。

繁殖栽培

以嫁接、扦插繁殖为主，嫁接是常用手段。露地栽培应选背风向阳、排水良好的处所。重施基肥，生长季节加施混合化肥作追肥。除以休眠期修剪为主外，生长期修剪（如摘芽、剪除残花枝等）亦可适当进行。

景观特征

现代月季品种丰富，花色多样，花姿秀美，除了红色、橙色、黄色、绿色、青色、蓝色、紫色、白色、肉色、咖啡色、紫黑色等单色品种外，还有各种变色、纹色、复色和串色等品种。

园林应用

可种于花坛、花境、草坪角隅等处，也可布置成月季园。藤本月季可用于花架、花墙、花篱、花门等。月季既可盆栽观赏，又是重要的切花材料。

现代月季花色

现代月季花色

现代月季花境

現代月季花 ▷

現代月季花境

現代月季花境

锦带花

别名：文官花、五色海棠、连萼锦带花
科属名：忍冬科锦带花属
学名：*Weigela florida*

锦带花花序 ▷

形态特征

常见品种有红王子锦带花（cv. Red Prince），花鲜红色，繁密而下垂；白花锦带花（cv. Alba），花近白色；粉公主锦带花（cv. Pink Princess），花深粉红色；亮粉锦带花（cv. Abel Carriere），花亮粉色，盛开时花朵覆盖整株；变色锦带花（cv. Versicolor），花由奶白色渐变为红色。相近种有海仙花（*Weigela coraeensis*）、美丽锦带花（*Weigela nikkoensis* cv. Makino）。

适应地区

原产于我国北部及朝鲜、日本，现我国各地有栽培。

生物特性

喜光，耐阴，耐寒、耐湿、耐贫瘠，多生于海拔 800 ～ 1200m 的湿润沟谷或半阴处，但是不耐水涝。

繁殖栽培

一般以播种、扦插、压条等方法进行繁殖。扦插繁殖能够更好地保持性状。抗逆性强，应选择排水性良好的土壤，保持土壤湿润。萌芽能力强，生命旺盛，养护简便。

锦带花花枝

锦带花花色

景观特征

锦带花花期在春、夏交替期间，花色鲜艳丰富，枝叶繁茂，花期较长，花朵开满枝条，是华北及华东地区主要的早春花灌木，也是造景中使用较为广泛的花灌木材料。

园林应用

在花境中做中景或背景植物，可在庭园、角隅、湖畔群植或点缀，也可用于花篱。对氯化氢有较强的抗性，可做污染源厂矿的绿化树种。

锦带花花境

牡丹

别名：木芍药、洛阳花、富贵花
科属名：毛茛科芍药属
学名：*Paeonia suffruticosa*

牡丹花朵 ▷

形态特征

落叶灌木，老植株高可达 3m。老茎浅灰色，有片状剥落。根肥大，肉质，深可达 1m。叶互生，羽状复叶，具长柄；小叶广卵形至卵形或长椭圆形，先端 3～5 裂，基部全缘；叶背及叶轴生短柔毛。花大，直径 10～30cm，有紫、红、粉红、黄、白、墨紫、豆绿等色，及半重瓣、重瓣等很多品种，多具香气。花期 4～5 月。牡丹变种、品种很多，按花期先后可分早花品种（如"白玉""朱砂垒""赵粉"等）、中花品种（如"二乔""姚黄""表龙卧墨池"等）、晚花品种（如"紫霞仙""很粉金鳞""葛金紫"等）；按花色可分为白、黄、粉、红、紫、墨紫、雪青、绿八大色系；按花型分单瓣型、荷花型、菊花型、金环型、绣球型等。

适应地区

原产于我国，应用于我国。

生物特性

性喜温凉、干燥，好阳光，耐半阴。不耐炎热、高湿。较耐寒，在冬季温度不低于 −18℃地区可安全越冬。根粗长，要求地势高燥、土层深厚、肥沃疏松而排水良好的沙质土壤，忌盐碱土。

繁殖栽培

可用播种、分株、嫁接繁殖。每年施肥 2～3 次。浇水不宜过多，除开花前后需水量多外，其他时间保持土壤湿润即可。花后应及时整形修剪，剔除过多、过密的新芽，截短过长的枝条。

景观特征

牡丹是我国特产的名贵花卉，号称"国色天香""百花之王"，其色、姿、香、韵俱佳，花大色艳，富丽堂皇。

园林应用

在花境中可做前景和中景植物，常布置于庭园中，孤植、群植、丛植或列植皆宜，可与山石相配，形成园林小景。在大型公园或风景名胜区，可建立牡丹专类园。也可用于盆栽或切花观赏。

牡丹花境

牡丹花境

巴西野牡丹

别名：紫花野牡丹、艳紫野牡丹
科属名：野牡丹科蒂杜花属
学名：*Tibouchina semidecandra*

形态特征

常绿灌木。茎四棱形，分枝多，枝条红褐色，株形紧凑美观；茎、枝几乎无毛。叶革质，全缘，表面光滑无毛，5基出脉。伞形花序着生于分枝顶端。蒴果坛状球形。几乎全年都可以开花，8月始进入盛花期，一直到冬季，谢花后又陆续抽蕾开花，可至翌年4月。

适应地区

我国广东、海南等地有引种栽培。

生物特性

性喜阳光充足、温暖、湿润的气候。具有较强的耐阴及耐寒能力，在半阴的环境下生长良好，冬季能耐一定的霜冻和低温。对土壤要求不高，喜微酸性的土壤。

繁殖栽培

巴西野牡丹由于极少结实，所以只能采用无

巴西野牡丹花枝

性繁殖，一般采用扦插繁殖。可在春、秋两个季节进行，扦插时间为春季的3月中旬至5月初、秋季的9月下旬至11月上旬。

景观特征

花朵大、多且密，花色为紫色、娇艳美丽。株型美观，枝繁叶茂，叶片翠绿，一年四季皆可开花。

园林应用

为不可多得的优良观叶、观花材料，很适宜在城市园林绿地中应用。可点缀草坪及空旷地，花朵在阳光下显得高贵动人。可布置花坛、花境，在花境中可做中景和背景植物。

巴西野牡丹花境

巴西野牡丹花序 ▷

巴西野牡丹花境

巴西野牡丹花境

三角梅

别名：叶子花、九重葛、毛叶子花、红苞藤、簕杜鹃
科属名：紫茉莉科叶子花属
学名：*Bougainvillaea* spp.

形态特征

木质攀援状藤本，株高 2 ~ 3m。枝、叶均密
生柔毛，具弯刺。单叶互生，卵形或卵状披针
形，全缘，长 4 ~ 6cm，宽 3 ~ 4cm，有绿叶
类型和花叶类型。花序顶生，常 3 朵簇生，每
朵花生于叶状大苞片内；苞片卵圆形，紫红色。
花期自头年的 11 月至翌年的 6 月。品种繁多，
既有本种和光叶叶子花的品种，又有两者杂
交形成的杂交种，类型多样，花色丰富。

适应地区

我国各地均有栽培。

生物特性

性喜阳光充足。喜温暖环境，在 15 ~ 30℃
的范围内生长良好。稍耐干旱条件，忌水涝。
对土壤要求不严，可耐贫瘠条件。

繁殖栽培

多采用扦插法繁殖，亦可用高压和嫁接法。夏
季高温时节应供水充足，进入冬、春低温阶段
需控制浇水。在春、夏生长旺盛阶段，应每
隔半月施一次液体肥。常见病害有叶斑病。

景观特征

植株茂密，枝条蔓长，叶色草绿，花生枝端，

金心双色三角梅

金心双色三角梅

而真正观赏的重点是包于花外的紫红色苞片，
其色彩鲜艳如花瓣，花开时挂满枝头，形成
姹紫嫣红、满园春色的景象。

园林应用

以灌木状植株应用于花境中，作为中景或后
景植物配置。其开花持续时间长，为庭院、
小区棚架、围墙、屋顶和各种栅栏等的优良
绿化材料，还可作为盆景观赏、做绿篱。因
其耐修剪，可修剪造型。

银边浅紫三角梅

水红三角梅

樱花三角梅

三角梅花色 ▷

水红三角梅花境

水红三角梅花境

○ 其他主要花境植物 ○

中文名	别名	学名	科名	形态特征	生物特征	园林应用	适应地区
玉簪	玉春棒、白鹤花、玉泡花	*Hosta plantaginea*	百合科	多年生草本。叶基生，丛状，具长柄，叶片卵圆形，平行脉，先端略尖，基部心形。总状花序顶生，高于叶丛，花为白色，管状漏斗形，浓香	性强健。耐寒，喜阴，忌阳光直射。不择土壤，但以排水良好、肥沃湿润处生长繁茂	花境前景植物，适用于地被及盆栽	全国各地
麝香百合	铁炮百合	*Lilium longiflorum*	百合科	多年生草本，株高50~100cm，地下茎具无皮鳞茎。叶互生。花横生，白色，花被筒呈喇叭状	性喜冷凉，耐寒，喜阳。要求腐殖质丰富、排水良好的微酸性壤土	做花境，也可点缀庭园或布置专类园	全国各地
阔叶麦冬	大麦冬	*Liriope platyphylla*	百合科	常绿性，株丛低矮。叶多簇生，线形，浓绿色	喜阴湿、温暖，稍耐寒	用于地被、花坛、花境边缘，或做盆栽	我国中部及南部地区
麦冬	沿阶草、麦门冬、书带草	*Liriope spicata*	百合科	多年生常绿草本。叶基生，窄条带状。花葶自叶丛中抽出，顶生窄圆锥形总状花序；小花呈多轮生长，浅紫色至白色	有一定耐寒性，喜阴湿，忌阳光直射。对土壤要求不严，在肥沃、湿润土壤中生长良好	用于地被、花坛、花境边缘，或做盆栽	我国南北各地均有应用
麦冬沿阶草	—	*Ophiopogon japonica*	百合科	常绿性，株丛低矮。叶丛生，狭线形	喜阴湿、温暖，稍耐寒	用于地被、花坛、花境边缘，或做盆栽	我国中部及南部地区
莳萝藿香	香藿香、蓝藿香	*Agastache foeniculum*	唇形科	株高90cm。叶卵形，先端尖锐，具锯齿，叶背绿白色。圆柱形穗状花序，长10cm左右，花冠蓝色	性强健。耐旱、耐贫瘠。对土壤适应性强。有一定耐寒性	花境应用，也可盆栽观赏	我国长江流域地区应用
美国薄荷	马薄荷	*Monarda didyma*	唇形科	株高80~150cm，茎有明显4棱。叶对生，卵形，渐尖。花猩红色，轮生，周围被红色苞片环绕，有令人愉快的芳香气味	喜半阴环境。喜凉爽湿润，是一种优良的宿根耐寒花卉。不择土壤	适合于花境配植，也可丛植及用于药草茶	我国部分地区有种

中文名	别名	学名	科名	形态特征	生物特征	园林应用	适应地区
糙苏	续断、常山、白签	*Phlomis umbrosa*	唇形科	株高1m。叶对生，卵形至阔披针形，端渐尖。花紫色、白色或黄色，轮伞花序多数	适合生长于阳光充足的温暖地带。耐寒性强。耐贫瘠土壤	花境前景、中景植物，常作药用栽培	原产我国东北、华北及西南地区
高山积雪	银边翠、象牙白	*Euphorbia marginata*	大戟科	株高50~80cm，直立，多分枝。叶片卵状、长卵状或椭圆状披针形，边缘呈白色或全叶白色；7月份顶部叶片全变白色。观赏期7~10月	喜阳光充足、气候温暖的环境。不耐寒，但能耐酷暑。耐干旱。喜肥沃而排水良好的沙质壤土	为良好的花坛、花境中景材料，还可用于插花配叶	栽培广泛
大戟	多色大戟	*Euphorbia polychroma*	大戟科	株高40cm，枝叶簇生成丛，株型呈半球状。叶长卵圆形至长椭圆形。杯状苞片黄绿色，十分醒目，组成聚伞花序	喜阳光充足的环境，也耐半阴。较耐寒。宜湿润、疏松且排水良好的土壤	花境材料，还可点缀岩石园	我国长江流域及以北地区应用广泛
龙须海棠	松叶菊	*Mesembryanthemum spectabilis*	番杏科	植株平卧生长，多分枝。肉质叶对生，叶片肥厚多汁，呈三棱状线形，绿色。花单生，花色有紫红、粉红、黄、橙等色	喜温暖干燥和阳光充足的环境，忌水涝，怕高温，不耐寒，耐干旱	花境镶边或前景布置，也作盆栽	原产南非，我国南方各地应用
柳枝稷	潘神草	*Panicum Virgatum*	禾本科	株高1.2~2.4m不等，多为丛生状。茎多直立。叶片绿色至蓝粉色，秋天颜色则从金黄色至深紫红色。圆锥花序，初期开放时通常为粉色或浅红色	喜阳光充足。耐旱，并耐短期水涝。性喜温暖气候，但也耐寒。对各类土壤的适应力都强	秋季变为金黄色，可作花境背景和后景植物栽培	我国各地栽培
岩白菜	岩壁菜、石白菜、岩七	*Bergenia purpurascens*	虎耳草科	株高40~45cm，具粗壮的根状茎。叶无毛，狭倒卵形或椭圆形至心形，褐绿色，边缘具波浪状锯齿。总状花序，具花6~7朵，花色紫红	喜光线充足或半阴，极耐寒。宜潮湿、温暖及排水良好的土壤	可用于花境镶边或前景配置	原产我国云南、四川、西藏等地
旱金莲	金莲花、旱莲花、大红雀	*Tropaeolum majus*	金莲花科	肉质草本，常作一年生或二年生草本栽培。茎细长，肉质中空。叶盾形灰绿色	喜温暖、湿润的向阳地方。忌夏季高温炎热，忌过湿或受涝。喜排水良好的疏松、肥沃土壤	布置花坛、花境，也可盆栽观赏	我国南方各地应用

中文名	别名	学名	科名	形态特征	生物特征	园林应用	适应地区
锦葵	荆葵、钱葵、棋盘花	*Malva sinensis*	锦葵科	株高60～100cm。叶互生，圆心脏至肾形。花数朵簇生于叶腋，花瓣5枚，先端有凹陷，花色紫红至浅粉	喜阳光充足。较耐寒，不耐炎热。在中等肥力、排水良好的土壤上生长良好	适合花境、花坛种植，也适于丛植观赏	我国长江流域及以北地区应用广泛
春黄菊	西洋菊	*Anthemis tinctoria*	菊科	株高30～60cm。茎直立。叶二回羽状分裂，具强烈气味。头状花序顶生，舌状花金黄色	要求充足的阳光。性耐寒，喜凉爽。宜疏松、肥沃及排水良好的砂质土壤	花境镶边及前景布置，也可用于地被覆盖	我国北方应用
花环菊	三色菊	*Chrysanthemum carinatum*	菊科	二年生草本，分枝多，株高70～100cm。叶数回细裂，裂片线形。舌状花单轮或数轮。盘状花有白、黄、红及暗紫等色	喜冷凉气候，但不耐寒。土壤要求深厚	用于花境、花坛，也可盆栽和切花观赏	我国各地栽培应用
蓝刺头	禹州漏芦	*Echinops latifolius*	菊科	株高可达60cm。叶长椭圆形，羽状半列或深裂，较硬，具刺毛。花圆球形，直径2.5～4.5cm；管状花开放前呈金属蓝色，成熟时呈现亮蓝色	喜阳光充足，但也耐半阴。耐寒性好。耐贫瘠，适应各种土壤，但宜排水良好	适合大型花境配置，同时也是切花和干花的好材料	我国北方地区应用
勋章菊	非洲阳光菊、勋章花	*Gazania Hybirds*	菊科	株高20～30cm。叶片披针形至匙状；叶色深绿，被白色绒毛。花大，为鲜艳的黄色、橙色或红色，花心深色	喜阳光充足。不耐寒，生长适温20～22℃。怕积水。性喜温暖湿润环境，宜生长于砂质壤土	为夏季花境、花坛材料，或庭园盆栽观赏	我国南方各地种植广泛
蛇鞭菊	舌根菊	*Liatris spicata*	菊科	株高60～150cm。叶互生，条形。穗状花序长15～30cm；小花玫瑰紫色至白色，轮生于花序上	要求日照充足。较耐寒。宜疏松、适度肥沃、湿润且排水良好的土壤	花穗较长，盛开时竖向景观效果好，适宜于花境中景种植；矮生变种可用于花坛	我国各地均有栽培

中文名	别名	学名	科名	形态特征	生物特征	园林应用	适应地区
橐吾	齿叶橐吾	*Ligularia dentata*	菊科	株高 100～120cm，茎丛生。叶绿色，大型，长可达 30cm，肾形至圆形，基部深心形；基部叶具红色叶柄。花橘黄色，中心棕色，花径 10cm 左右；伞形花序排列	喜阳光充足，耐半阴。耐寒性强。宜深厚、肥沃、潮湿、富含泥炭和腐殖质的壤土	可作为很好的地被植物，也可用于半阴处和林边潮湿位置花境种植	分布于我国西北、华北、华中及西南地区
一枝黄花	加拿大一枝黄花	*Solidago decurrens*	菊科	多年生宿根草本，高 2m，茎光滑。叶片披针形或狭长披针形，边缘有齿。圆锥花序。花黄色	喜凉爽及向阳高燥地势，耐旱，适应性强。喜排水良好的砂质壤土	花坛、花境应用。园林中常作自然式栽培	分布于我国华东、华中、西南和台湾地区
黄苞花	金苞花	*Pachystachys lutea*	爵床科	叶对生，卵形或长卵形，先端锐形，革质，中肋与羽状侧脉黄白色。夏、秋季开花，顶生，花苞金黄色，花期持久	性喜高温多湿，耐寒性差，适合盆栽培养	栽植于花境、花坛	园林应用常见于我国南方
古代稀	别春花	*Godetia whitneyi*	柳叶菜科	株高 15～60cm。叶对生，披针形。花型有单瓣或重瓣 2 种；花色有白、黄、红、粉红、绯红或复色斑纹	既怕冷，又畏酷热。在温暖湿润的环境中生长繁茂	可作花坛、花境材料	我国长江流域地区栽培应用
丝兰	凤尾丝兰、刺叶王兰、菠萝花	*Yucca filamentose*	龙舌兰科	株高 75cm（不含花茎），具短的、粗壮的木质茎或无茎。叶基部簇生，呈莲座状；叶剑形，具白粉，质地坚硬，长 75cm，有时缘具白色细丝。圆锥花序烛台状，可高达 2m；花下垂，钟形，白色	喜阳光充足之地。耐寒性较好。耐旱，耐湿，耐瘠薄。宜排水良好的砂土	于花境后景或中景配置。在庭院中宜栽于花坛中心、草地一隅或假山石边	我国各地都有栽培
马缨丹	五色梅	*Lantana camara*	马鞭草科	常绿灌木。叶对生，有臭味。花初开时黄色，渐变为粉紫色。盛花期夏季	喜光，喜高温湿润气候。耐干旱，适应性强，生长迅速	花坛、花镜材料，也可用于绿篱、地被	我国华南地区

中文名	别名	学名	科名	形态特征	生物特征	园林应用	适应地区
龙船花	英丹、仙丹花	*Ixora chinensis*	茜草科	常绿灌木。叶对生。花橙红色或鲜红色。夏至秋季开花	喜光，喜高温多湿气候和排水良好的沙壤	花境中景植物	华南地区
板蓝根	菘蓝	*Isatis indigotica*	十字花科	茎直立，光滑无毛，多少带白粉。基生叶矩圆状披针形；茎生叶矩圆形，叶基部垂耳状。总状花序，小花黄色	喜阳光充足，可耐 -15℃ 低温。宜生于中等肥力、湿润 但排水良好的土壤上	花境中景植物，也适合于野生植物园或药草园应用	分布于欧洲及亚洲地区
葱兰	葱莲、玉帘、白花菖蒲莲	*Zephyranthes candida*	石蒜科	多年生草本植物。叶基生。花茎中空，花单生，花被 6 片，花冠直径 4～5cm，白色	阳性，耐半阴和低湿。宜肥沃而排水好的环境	花境、花坛镶边，也可用于疏林地被	我国江南地区均有栽培
韭兰	花韭、菖蒲莲	*Zephyranthes grandiflora*	石蒜科	鳞茎卵形，有褐色外皮，颈矮。叶数枚基生。从茎基部抽生花梗 1 个，顶端着粉红色花 1 朵。花期 6～9 月，1 年内开花 2～3 次	喜光，但也耐半阴。喜温暖环境，也较耐寒。喜湿润，怕水淹	宜在花坛、花境、公园、绿地、庭院地栽或盆栽观赏	我国各地均有栽培
肥皂草	石碱花	*Saponaria officinalis*	石竹科	株高 20～100cm，具匍匐根茎。茎强壮、直立生长，具膨胀的茎节，略微粗糙。叶窄椭圆形至长椭圆形，渐尖。圆锥状聚伞花序，花红、粉或白色，单瓣或重瓣	生长强健。喜阳光充足，耐半阴，耐寒。一般壤土均可栽培，但宜相对肥沃、排水良好、中性至偏碱性的土壤	可用于花境、花坛中，也可做地被植物	我国城市公园栽培观赏
龙面花	耐美西亚、囊距花、爱蜜西	*Nemesia Strumosa*	玄参科	株高 30～60cm。叶对生，基生叶长圆状匙形。总状花序着生于枝顶，长约 10cm，基部呈袋状；色彩多变，有白、淡黄、深黄、橙红、深红和玫紫等颜色	喜光照充足。不耐寒，忌酷暑气候，生长适温 15～21℃。宜疏松、排水良好且富含腐殖质的土壤	花色明艳，是春、夏季花坛的优良用材。也适合盆栽观赏、地被绿化或做花镜镶边植物	原产南非，现应用广泛

○ **续表** ○

中文名	别名	学名	科名	形态特征	生物特征	园林应用	适应地区
蓝星花	星形花、雨伞花、草本仙丹花	*Evolvulus nuttallianus*	旋花科	株高 30～60cm，茎叶密被白色绵毛。叶互生，长椭圆形，全缘。花腋生，花冠蓝色，盛开时朵朵蓝花缀在枝叶中	性喜高温，日照需良好，全日照为佳	花境、花坛应用	我国南方各地栽培
射干	扁竹兰、蚂螂花	*Belamcanda chinensis*	鸢尾科	株高50～100cm，丛生，具粗壮的根状茎。叶剑形，长20cm。二歧伞房花序顶生；花橘黄色，有深紫红色斑纹，花茎5cm，花被6片	性强健，喜阳光充足，耐寒性较好。宜腐殖质丰富、湿润但排水良好的土壤	可用于花坛、花境或林缘配植，也可植于坡地、草坪	原产我国及日本
荷兰鸢尾	蓝蝴蝶	*Iris hollandica*	鸢尾科	株高60～80cm，地下具鳞茎。单叶丛生，长披针形。花葶单一，花形姿态优美，花瓣3枚，有金、白、蓝及深紫色	具耐寒性与耐旱性。喜生长于排水良好而适度湿润的微酸性土壤中	花境应用，也可盆栽或布置花坛	广泛分布于北半球温带地区

中文名索引

参考文献

［1］赵家荣，秦八一. 水生观赏植物［M］. 北京：化学工业出版社，2003.

［2］赵家荣. 水生花卉［M］. 北京：中国林业出版社，2002.

［3］陈俊愉，程绪珂. 中国花经［M］. 上海：上海文化出版社，1990.

［4］李尚志，等. 现代水生花卉［M］. 广州：广东科学技术出版社，2003.

［5］李尚志. 观赏水草［M］. 北京：中国林业出版社，2002.

［6］余树勋，吴应祥. 花卉词典［M］. 北京：中国农业出版社，1996.

［7］刘少宗. 园林植物造景：习见园林植物［M］. 天津：天津大学出版社，2003.

［8］卢圣，侯芳梅. 风景园林观赏园艺系列丛书——植物造景［M］. 北京：气象出版社，2004.

［9］王明荣. 中国北方园林树木［M］. 上海：上海文化出版社，2004.

［10］克里斯托弗·布里克尔. 世界园林植物与花卉百科全书［M］. 杨秋生，李振宇，译. 郑州：河南科学技术出版社，2005.

［11］刘建秀. 草坪·地被植物·观赏草［M］. 南京：东南大学出版社，2001.

［12］韦三立. 芳香花卉［M］. 北京：中国农业出版社，2004.

［13］孙可群，张应麟，龙雅宜，等. 花卉及观赏树木栽培手册［M］. 北京：中国林业出版社，1985.

［14］王意成，王翔，姚欣梅. 药用·食用·香用花卉［M］. 南京：江苏科学技术出版社，2002.

［15］金波. 常用花卉图谱［M］. 北京：中国农业出版社，1998.

［16］熊济华，唐岱. 藤蔓花卉［M］. 北京：中国林业出版社，2000.

［17］韦三立. 攀援花卉［M］. 北京：中国农业出版社，2004.

［18］臧德奎. 攀援植物造景艺术［M］. 北京：中国林业出版社，2002.